고급 데이터 분석
- R과 SPSS 23의 활용 -
Advanced Data Analytics Using R and SPSS 23

허 명 회 · 데이타솔루션 컨설팅 팀 저

 데이타솔루션

■ 저자

허명회 (許明會)

- 서울대학교 계산통계학과 졸업
- 미국 스탠퍼드 대학교 통계학 박사
- 현, 고려대학교 통계학과 교수
- 주요저서 : SPSS를 활용한 통계적 방법론 (한나래아카데미)
  SPSS 다변량 자료분석 (공저, 한나래아카데미)
  SPSS 설문지 조사방법 : 기본과 활용 (한나래아카데미)
  데이터마이닝 모델링과 사례(제2판) (공저, 한나래아카데미)
  SPSS 오픈하우스 고급통계학특강Ⅰ (데이타솔루션) 외 다수

데이타솔루션 컨설팅 팀

■ 고급 데이터 분석 : R과 SPSS 23의 활용
Advanced Data Analytics Using R and SPSS 23

- 초판 1쇄 인쇄 : 2015년 5월 8일
- 발 행 처 : ㈜데이타솔루션
- 주   소 : 135-832 서울특별시 강남구 언주로 620 현대인텔렉스빌딩 10층
- 대표전화 : 02)3467-7200(代)
- 등록번호 : 제16-1669호
- ISBN 978-89-6505-023-0 93310

- 개정 4쇄 발행 : 2021년 10월 29일
- 발 행 인 : 배복태
- FAX : 02)563-0014
- 등 록 일 : 1998년 5월 15일

펴 낸 곳 : ㈜데이타솔루션
공 급 처 : 한나래출판사

대 표 페 이 지 : http://www.datasolution.kr
빅데이터러닝센터 : http://www.ilovedata.kr
교육문의 : training@datasolution.kr
제품문의 : sales@datasolution.kr
교재문의 : books@datasolution.kr

데이터 다운로드 http://spss.datasolution.kr 제품 페이지에서 다운받을 수 있습니다.

Advanced Data Analytics Using R and SPSS 23

고급 데이터 분석

- R과 SPSS 23의 활용 -

허 명 회 · 데이타솔루션 컨설팅 팀

데 이 타 솔 루 션

머리말 preface

데이터의 종류와 분석의 목표에 따라 적용해야 할 분석 방법이 달라지므로 고급 데이터 분석(advanced data analytics)의 필요성은 확연합니다. 문제는 새로운 기법들을 익혀 활용하기가 쉽지 않다는 데 있습니다.

IBM SPSS의 버전 23에 10여 종의 통계적 방법들이 새로 자리 잡았습니다. 새로운 모듈은 요즘의 트렌드를 반영하여 중요도가 높은 것들이 선별된 것들이고 오픈소스의 R로 구동되지만 SPSS 환경 내에서 분석 기능이 구현되었습니다.

이 책에 포함된 14개 기법들을 분류하면 다음과 같습니다.

- 기계학습: 일반화 부스팅 (1장), 밀도기반 군집화 (2장), SVM (12장[*]),
             나무와 랜덤 포리스트 (13장[*])

- 통계모형: 비율회귀 (5장), 영확대 계수모형 (6장), 잠재층 분석 (14장[*])

- 계량경제: 헤크만 선택모형 (3장), 회귀 불연속 (4장), GARCH 모형 (10장)

- 생존분석: 모수적 생존모형 (7장), 비례위험모형 (8장)

- 기타: 문항반응이론 (9장), 선형계획법 (11장)

이 중에서 [*]가 붙은 3개 장의 방법론과 R 부분은 허명회 (2014, 자유아카데미)의 <응용 데이터분석>에서 전재되었습니다. 방법론의 학습을 위한 R 실습파일과 SPSS 실습파일이 SPSS 사용자 Portal (http://spss.datasolution.kr) 도서페이지에서 올려져 있습니다.

각 장의 방법론과 R 부분은 허명회가 썼고 SPSS 활용부분은 (주) 데이타솔루션의 컨설팅 팀이 썼습니다 (송나영, 박지연, 안은지).

차례 contents

1장. 일반화 부스팅 generalized boosted models

일반화 부스팅(generalized boosting)은 AdaBoost 알고리즘(Freud와 Schapire, 1996)의 일반화로서 CART와 같은 나무 분류·회귀 모형(tree model)을 개선시킨다. 이 장에서는 Friedman(2001, 2002)에 의하여 개발된 일반화 부스팅 알고리즘인 gradient boosting 방법론을 설명하고 R의 gbm 팩키지를 활용한 일반화 부스팅 사례를 제시할 것이다.

1. 방법론

Friedman (2001, 2002)의 gradient boosting 알고리즘은 기대손실(expected loss)의 최소화를 목표로 한다. 알고리즘은 다음과 같다.[1]

- 목표는 반응변수 y의 예측함수(모형) $\hat{f}(x)$를 만드는 것이다.

- 초기화. 상수 값에서 시작한다, 즉 $\hat{f}(x) = \arg\min_c \sum_{i=1}^{n} L(y_i, c)$,

    여기서 $L(\ )$은 손실함수, 이것은 y의 분포에 따라 달리 설정된다.

- 루프 loop:

    For $t = 1, \cdots, T,$ # T는 반복 수(= 업데이팅 횟수), 즉 나무의 수이다.

    [1] 개별 관측점에서 negative gradient를 산출한다.

    $$z_i = -\frac{\partial}{\partial f(x_i)} L(y_i, f(x_i)) \Big|_{f = \hat{f}(x_i)}, \quad i = 1, \cdots, n.$$

    개별 관측점에서 z_i가 양(+)이면 $\hat{f}(x)$를 크게 함으로써 손실이 감소하고 z_i가 음(−)이면 $\hat{f}(x)$를 작게 함으로써 손실이 감소한다.

    [2] n개 관측 개체 중 n_1개 개체를 임의 추출한다. 여기서 $\frac{n_1}{n}(=\rho)$은

---

[1] 여기서 'gradient'는 함수의 미분계수를 뜻한다. 따라서 "gradient > 0"이면 그 점에서 함수가 증가하고 "gradient < 0"이면 그 점에서 함수가 감소한다.

부표본 추출율(subsampling rate)이다.

$z_1, \cdots, z_n$ 을 $x_1, \cdots, x_n$ 으로 예측하는 회귀 나무를 구축한다 (나무의 깊이(depth) d 는 $1, 2, 3, \cdots$ 등으로 세팅).

[3] 회귀나무에 의하여 전체영역이 $S_1, \cdots, S_K$ 로 분할된다. 부(副)영역 $S_k \ (k = 1, \cdots, K)$ 에서 최적의 변위 a_k 를 산출한다. 즉,

$$a_k = \arg\min_a \sum_{x_i \in S_k} L(y_i, \hat{f}(x_i) + a).$$

[4] $\hat{f}(x_i)$ 를 업데이팅한다 ($i = 1, \cdots, n$):

$$\hat{f}(x_i) \leftarrow \hat{f}(x_i) + \lambda a_k, \ x_i \in S_k.$$

여기서 λ 는 shrinkage parameter (학습률, learning rate)이다.

따라서 일반화 부스팅 알고리즘은 손실의 합, 즉 적합의 부정확도를 작게 하는 방향으로 예측함수를 1회에 아주 약간씩, 그러나 많은 횟수에 걸쳐 보정하는 학습 알고리즘으로 볼 수 있다.

이 알고리즘에서 파라미터인 나무의 수 T, shrinkage parameter(= 학습률) λ, 나무의 깊이 d, 부표본추출율 ρ 와 반응변수 y 의 유형에 따라 달리 정해지는 손실함수 $L(\ )$ 등은 다음과 같이 정해진다.

- T: 업데이팅 횟수 (= number of trees), 1,000 또는 5,000으로 놓지만 정교성이 필요한 경우 최종 예측오차의 평가를 통하여 선택된다.
  * 예측오차의 평가 방법: cross-validation, oob (out-of-bag), test data
  * shrinkage parameter λ 를 작게 놓는 경우 T 를 크게 잡아야 한다.
- shrinkage parameter (= 학습률) λ 의 선택: $\lambda = 0.01 \sim 0.001$.
  * 이것을 작게 할수록 계산량이 늘어나지만 모형 성능이 좋아지고 안정된다.
- 나무의 깊이 depth d 의 선택: $d = 1$ 로 하면 가법적 모형이 만들어진다.

- $d = 2$로 놓으면 2-요인 상호작용이 반영된다. 일반적으로 d는 상호작용의 차수가 된다.

- 부표본 추출율 (subsampling rate) ρ, 디폴트 값은 0.5이다.

  - $\rho = 1$인 deterministic 알고리즘보다 $\rho < 1$인 stochastic 알고리즘이 성과가 좋다.

- 분포 distribution는 종속변수의 유형에 따라 달라지고 손실함수가 지정된다. 아래에서 $w_1, \cdots, w_n$은 관측개체들에 부여된 가중치이다.

  - Gaussian: 목표변수가 수치형인 경우 적용된다. 평균손실은 다음과 같다.

  $$\frac{1}{\sum w_i} \sum w_i (y_i - f(\boldsymbol{x}_i))^2,$$

  여기서 $f(\boldsymbol{x}_i) = E(y_i \mid \boldsymbol{x}_i)$.

  - AdaBoost: 목표변수가 이항형인 경우 적용된다. 평균손실은 다음과 같다.

  $$\frac{1}{\sum w_i} \sum w_i \exp(-(2y_i - 1)f(\boldsymbol{x}_i)),$$

  여기서 $f(\boldsymbol{x}_i) = \log_e \frac{P\{y_i = 1 \mid \boldsymbol{x}_i\}}{P\{y_i = 0 \mid \boldsymbol{x}_i\}}$, 즉 로짓(logit). 지수손실 (exponential loss)로 불린다.

  - Bernoulli: 목표변수가 이항형인 경우 적용된다. 평균손실은 다음과 같다.

  $$-\frac{2}{\sum w_i} \sum w_i (y_i f(\boldsymbol{x}_i) - \log(1 + \exp(f(\boldsymbol{x}_i)))),$$

  여기서 $f(\boldsymbol{x}_i) = \log_e \frac{P\{y_i = 1 \mid \boldsymbol{x}_i\}}{P\{y_i = 0 \mid \boldsymbol{x}_i\}}$이고, 평균손실은 음의 log likelihood, 즉 deviance와 같다.

  - Poisson: 목표변수가 도수(count)인 경우 적용된다. 평균손실은

  $$-\frac{2}{\sum w_i} \sum w_i (y_i f(\boldsymbol{x}_i) - \exp(f(\boldsymbol{x}_i))).$$

  여기서 $f(\boldsymbol{x}_i) = \log_e E(y_i \mid \boldsymbol{x}_i)$이고, 평균손실은 음의 log

----

likelihood, 즉 deviance와 같다.

- 그 밖에 Laplace 및 분위수 회귀(quantile regression), Cox 비례위험 모형 등에도 적용가능하다.[2]

2. R 데모: ozone 사례

R의 gbm 팩키지의 gbm( ) 함수를 활용한 일반화 부스팅의 적용 사례를 보자. 분석될 자료는 ozone {gclus}인데, 이 자료에서 반응변수는 연속형인 Ozone(오존)이다. 그리고 설명변수는 Temp(온도), InvHt, Hum(습도), Pres(기압), Vis(가시도), Hgt, Hum(습도), InvTmp, Wind(바람) 등 8개이다.

다음이 부스팅 회귀모형 구축을 위해 쓰인 R 스크립트이다. 정규분포가 지정되었고 알고리즘의 주요 파라미터들은 $T = 1,000$, $\lambda = 0.01$, $d = 2$로 세팅되었다.

```
library(gbm)
library(gclus)
data(ozone)
str(ozone)
gbm.1 <- gbm(Ozone ~ ., data=ozone, distribution="gaussian",
             n.trees=1000, shrinkage=0.01, interaction.depth=2)

print(gbm.1)

A gradient boosted model with gaussian loss function.
1000 iterations were performed.
There were 8 predictors of which 8 had non-zero influence.

gbm.perf(gbm.1, method="OOB", plot.it=F)
[1] 320
```

---

[2] Ridgeway, G. (2009) "Generalized boosted models: A guide to gbm package", https://r-forge.r-project.org/

OOB generally underestimates the optimal number of iterations although predictive performance is reasonably competitive. Using cv.folds>0 when calling gbm usually results in improved predictive performance.

위 출력은 oob (out-of-bag) 방법에 의해 최적으로 판단된 T 값이 320임을 알려준다. 그러나 일반적으로 이 값은 최적 수준을 과소 추정한다. 그러므로 교차평가(cross validation) 방법을 시도해볼 필요가 있다.[3]

다음은 10-겹 교차평가(10-fold cross-validation)를 위한 스크립트와 결과이다.

```
gbm.2 <- gbm(Ozone ~ ., data=ozone, distribution="gaussian",
        n.trees=1000, shrinkage=0.01, interaction.depth=2, cv.folds=10)
n.trees.2 <-  gbm.perf(gbm.2, method="cv")

n.trees.2
[1] 593
```

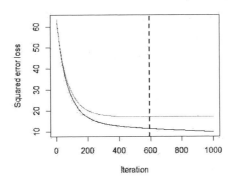

위 출력은 T의 최적 값이 593임을 말해준다 ($\lambda = 0.01$, $d = 2$의 경우).

* 이 절의 실습파일: <u>gbm_ozone.r</u>

---

[3] 출력 값은 매 시행마다 다소 다르다. gbm( ) 알고리즘의 내부에 몬테칼로 부분이 있기 때문이다. gbm( ) 앞에 set.seed(123)을 넣으면 이 글과 같은 결과를 얻는다.

이 모형으로 기존 데이터와 새 데이터에서 예측을 해보자. 기존 데이터에서 적합
값(=예측값)은

```
y.fit.2 <- predict(gbm.2, data=ozone, n.trees =n.trees.2)
```

로 얻어진다. 예측값(y.fit.2)과 관측값(ozone$Ozone) 간 상관계수는

```
cor(y.fit.2,ozone$Ozone)
0.9060976
```

이다. 다음으로, 몬테칼로 모의생성된 새 데이터에 대하여 예측모형을 적용해보
자. 스크립트와 결과는 다음과 같다.

```
set.seed(123)
ozone.new.x <- data.frame(
    Temp    =sample(ozone[,2],10),
    InvHt   =sample(ozone[,3],10),
    Pres    =sample(ozone[,4],10),
    Vis     =sample(ozone[,5],10),
    Hgt     =sample(ozone[,6],10),
    Hum     =sample(ozone[,7],10),
    InvTmp  =sample(ozone[,8],10),
    Wind    =sample(ozone[,9],10))
y.fit.2 <- predict(gbm.2, newdata=ozone.new.x, n.trees =n.trees.2)
round(y.fit.2,1)
[1]  9.2 12.6 23.2  9.7  9.5 13.3 13.0  6.5 20.4  9.0
```

3. 예측변수 중요도와 편의존 플롯

일반화 부스팅은 내부 알고리즘에서 나무모형을 쓰므로, 노드 불순도(impurity)
감소에 대한 기여도로써 개별 예측변수의 중요도를 포착한다. 즉,

정의: 모형 $M(=\sum_{t=1}^{T} M_t)$에서 변수 X_j의 중요도 (variable importance)

$$Imp_j(M) = \sum_{t=1}^{T} Imp_j(M_t).$$

여기서 $Imp_j(M_t)$는 나무모형 M_t에서 예측변수 X_j의 중요도로서

$$Imp_j(M_t) = \sum_{all\ nodes\ split\ by\ X_j} \nabla\ Impurity$$

로 정의된다. 즉, X_j에 의한 불순도의 집계분이 $Imp_j(M_t)$이다.

정의: 모형 $M(=\sum_{t=1}^{T} M_t)$에서 변수 X_j의 상대적 중요도 (단위: 퍼센트)

$$Imp_j^*(M) := \frac{Imp_j(M)}{\sum_j Imp_j(M)} \times 100.$$

그림 1이 오존자료에 대한 부스팅 모형 gbm.2에서 변수 중요도를 보여준다. 변수 Temp가 오존 예측에서 가장 중요한 변수인 것을 알 수 있다. 이를 위한 스크립트는 다음과 같다.

```
par(mar=c(4,4,2,2))
summary(gbm.2,  n.trees=n.trees.2)
```

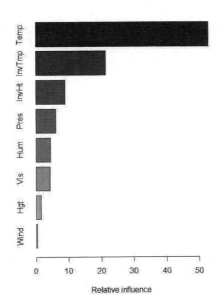

그림 1. 오존자료에 대한 부스팅 모형 gbm.2에서 각 설명변수의 상대적 중요도

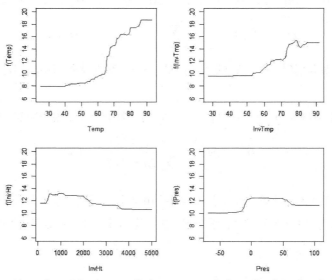

그림 2. 부스팅 모형 gbm.2에서 중요도 상위 4개 변수의 편의존 플롯

편의존 플롯(partial dependence plot)은 예측 함수가 각 설명변수에 어떻게 반응하는지를 보여준다. 이 플롯은 변수 X_j의 임의 값 v에 대하여 n개 개체에서의 예측값 평균을 찍은 산점도이다. 이때 개별 예측값은 해당 변수 X_j외 다른 변수들은 실제 관측 값으로 채워진다.

변수 X_j $(j \neq p)$에 대한 편의존 플롯(partial dependence plot)은
다음 산점도로 정의된다.

$$v\,(=x_j) \quad\quad \text{vs.} \quad\quad \frac{1}{n}\sum_{i=1}^{n}\hat{f}\,(x_{i1},\,\cdots,\,v,\,\cdots,\,x_{i,p}).$$

$$\underset{j\text{번째}}{\uparrow}$$

그림 2는 오존자료에 대한 부스팅 모형 gbm.2에서 중요도 상위 4개 변수 (변수 번호 1, 7, 2, 3)의 편의존 플롯이다. 다음은 이를 위한 스크립트이다.

```
par(mfrow=c(2,2))
plot(gbm.2, i.var = 1, ylim=c(6,20), n.trees=n.trees.2)
```

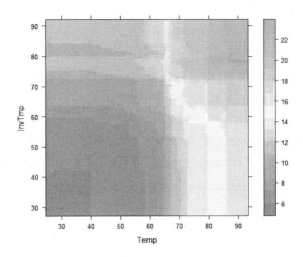

그림 3. 부스팅 모형 gbm.2에서 Temp와 InvTmp의 편의존 플롯

```
plot(gbm.2, i.var = 7, ylim=c(6,20), n.trees=n.trees.2)
plot(gbm.2, i.var = 2, ylim=c(6,20), n.trees=n.trees.2)
plot(gbm.2, i.var = 3, ylim=c(6,20), n.trees=n.trees.2)
```

편의존 플롯은 2개 변수의 결합에 대하여도 정의될 수 있다. 이런 플롯은 2개 변수 간 상호작용을 보는 데 유용하다.

(X_j, X_k)의 편의존 플롯은 다음 산점도로 정의된다 $(j < k)$.

$$(u, v) \quad \text{vs.} \quad \frac{1}{n} \sum_{i=1}^{n} \hat{f}(x_{i1}, \cdots, u, \cdots, v, \cdots, x_{i,p}).$$
$$\uparrow \qquad \uparrow$$
$$j\text{번째},\ k\text{번째}$$

그림 3은 부스팅 모형 gbm.2에서 Temp와 InvTmp의 편의존 플롯이다. 2개 변수 간 상호작용은 약한 것으로 보인다. 이를 위한 R 스크립트는 다음과 같다.

```
plot(gbm.2, i.var = c(1,7), n.trees=n.trees.2)
```

* 이 절의 실습파일: <u>gbm ozone.r</u>

----

4. spam 메일의 분류

spam {kernlab} 자료는 4,601개 e-메일의 57개 텍스트 특성과 메일 유형(type
="nonspam", "spam")으로 구성되어 있다. 일반화 부스팅 알고리즘을 활용하여
텍스트 특성에 의한 유형 분류 모형을 만들기로 한다.

자료 분할(data partitioning)로써 모형평가의 공정성을 기할 것이다. 전체자료의
75%를 훈련자료로 하고 나머지 25%는 테스트 자료로 하여, 훈련자료로써 모형
을 구축하고 테스트 자료는 온전히 모형평가에 투입하자.

타겟 변수(=반응변수)가 이항형이므로 분포를 베르누이 "bernoulli"로 지정하고
이외에 나무의 수 T는 5,000으로, shrinkage λ는 0.01로, 나무 깊이 d는 2로
해보자. 이에 따라 R 스크립트가 다음과 같이 짜여졌다.

```
library(gbm)
library(Kernlab)
data(spam); str(spam)
spam$type <- ifelse(spam$type=="spam",1,0)
n <- nrow(spam)
set.seed(123)
train <- sample(n, round(n*0.75))
spam.train <- spam[train,]
spam.test <- spam[-train,]
# fit gbm to spam.train
gbm.1 <- gbm(type ~ ., data=spam.train, distribution="bernoulli",
             n.trees=5000, shrinkage=0.01, interaction.depth=2)
```

모형이 구축된 후, 첫 작업으로 변수 중요도를 보기 위하여

```
summary(gbm.1, cBars=20, las=1)
```

를 실행하였다. 중요도 상위 20개만 출력하도록 "cBars=20"이, 변수 레이블이 수
평 방향으로 나타나도록 "las=1"이 옵션으로 지정되었다. 그림 4를 보라.

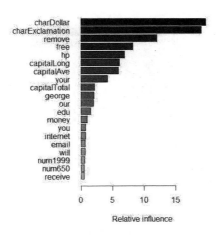

그림 4. spam 모형에서 변수의 중요도: 상위 20개

그림 4에서 charDollar (="$"), charDollar (="!"), … 등이 가장 중요한 변수들임을 볼 수 있다.

나무의 수 T의 최적값, 즉 부스팅 반복 수는 얼마가 좋을까? 다음을 보라.

```
gbm.perf(gbm.1, method="OOB")
[1] 1246
Warning message: OOB generally underestimates the optimal number of
iterations although predictive performance is reasonably competitive.
Using cv.folds>0 when calling gbm usually results in improved predictive
performance.
```

OOB (out-of-bag) 방법으로 선택된 T는 1,246이다. 그러나 경고 메시지에서 볼 수 있듯이 이 값은 과소한 것일 수 있다. 이에 따라 다음과 같이 교차평가를 해 보기로 한다. 겹 수(number of folds)는 5로 하였다.

```
gbm.2 <- gbm(type ~ ., data=spam.train, distribution="bernoulli",
             n.trees=5000, shrinkage=0.01, interaction.depth=2,
             cv.folds=5)
summary(gbm.2, cBars=16, las=1)
```

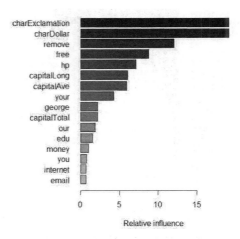

그림 5. 다시 만든 spam 모형에서 변수의 중요도: 상위 16개

그림 5는 다시 만든 spam 모형에서 중요도 상위 16개 변수의 리스트를 보여준다. 그림 4와 비슷하다.

다시 만든 spam 모형에서는 T의 최적값을 얼마로 보는가? 다음을 보라.

```
best.iter <- gbm.perf(gbm.2, method="cv")
print(best.iter)
4995
```

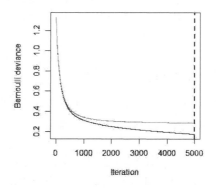

부스팅 반복 수 T의 최적값이 4,995로 나타났다. 5,000으로 간주할 수 있겠다.

이제 테스트 자료를 이 부스팅 적합 모형에 넣어 예측값을 산출하고 예측 분류의 결과를 평가해보자.

```
pred.link <- predict(gbm.2, newdata=spam.test, n.trees=best.iter,
            type="response")
addmargins(table(spam.test$type, round(pred.link)))
```

예측

		0	1	Sum
실제	0	663	21	684
	1	41	425	466
	Sum	704	446	1150

따라서 위양(= 실제는 "nonspam" 0이지만 "spam" 1로 예측되는 오류)의 비율과 위음(= 실제는 "spam" 1이지만 "nonspam" 0으로 예측되는 오류)의 비율은 다음과 같이 평가된다.

$$\text{False Positive} \ \ (위양) = 21/684 = 3.1\%,$$
$$\text{False Negative} \ \ (위음) = 41/466 = 8.8\%.$$

같은 방식으로 CART 모형을 구축하여 예측 분류표와 오류율을 산출하여 앞의 결과와 비교하여 보았다. CART 결과는 다음과 같다.

예측

		0	1	Sum
실제	0	652	32	684
	1	86	380	466
	Sum	738	412	1150

$$\text{False Positive} \ \ (위양) = 32/684 = 4.7\%,$$
$$\text{False Negative} \ \ (위음) = 86/466 = 18.5\%.$$

일반화 부스팅 모형이 CART 모형보다 월등히 좋은 것으로 나타났다.

다음은 CART 모형의 구축과 평가에 쓰인 R 스크립트이다.

```
library(rpart)
library(kernlab)
data(spam); str(spam)
n <- nrow(spam)
set.seed(123)
train <- sample(n, round(n*0.75))
spam.train <- spam[train,]
spam.test <- spam[-train,]
tree.spam <- rpart(type ~., data=spam.train)
tree.spam
par(mar=c(1,1,1,1), xpd = TRUE); plot(tree.spam)
text(tree.spam, use.n = TRUE)
addmargins(table(spam.test$type,
            predict(tree.spam, newdata=spam.test, type="class")))
```

* 이 절의 실습파일: gbm_spam.r

참고자료

Freund, Y. and Schapire, R.E. (1997). "A decision-theoretic generalization of online learning and an application to boosting," Journal of Computer and System Sciences, 55(1): 119-139.

Friedman, J.H. (2001). "Greedy function approximation: a gradient boosting machine," Annals of Statistics, 29(5): 1189-1232.

Friedman, J.H. (2002). "Stochastic gradient boosting," Computational Statistics and Data Analysis, 38(4): 367-378.

Ridgeway, G. (2009) "Generalized boosted models: A guide to gbm package", https://r-forge.r-project.org/

부록. SPSS의 활용

R로 실행했던 ozone 사례와 spam 사례를 SPSS로 분석해 보고자 한다.

ozone 사례에서 반응변수는 Ozone(오존), 설명변수는 Temp(온도), InvHt, Hum(습도), Pres(기압), Vis(가시도), Hgt, Hum(습도), InvTmp, Wind(바람) 등 8개이다.

데이터 파일 열기: ozone.sav (330개 줄, 9개 변수)

	Ozone	Temp	InvHt	Pres	Vis	Hgt	Hum
1	3	40	2693	-25	250	5710	28
2	5	45	590	-24	100	5700	37
3	5	54	1450	25	60	5760	51
4	6	35	1568	15	60	5720	69
5	4	45	2631	-33	100	5790	19
6	4	55	554	-28	250	5790	25
7	6	41	2083	23	120	5700	73
8	7	44	2654	-2	120	5700	59
9	4	54	5000	-19	120	5770	27
10	6	51	111	9	150	5720	44
11	5	51	492	-44	40	5760	33
12	4	54	5000	-44	200	5780	19
13	4	58	1249	-53	250	5830	19
14	7	61	5000	-67	200	5870	19
15	5	64	5000	-40	200	5840	19

Analyze ▶ Generalized Linear Models ▶ Generalized Boosted Regression

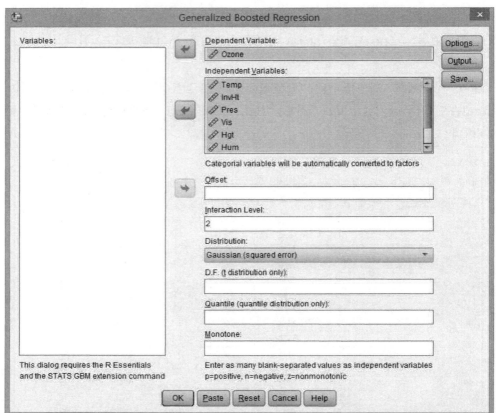

- Dependent Variable: Ozone을 반응변수로 지정한다.
- Independent Variables: Temp(온도), InvHt, Hum(습도), Pres(기압), Vis(가시도), Hgt, Hum(습도), InvTmp, Wind(바람)을 설명변수로 지정한다.
- Interaction Level: 나무의 깊이 depth d. $d = 1$로 하면 예측모형에 설명변수들의 주효과만 포함되고 $d = 2$로 하면 요인 간 2차 상호작용이 포함된다.

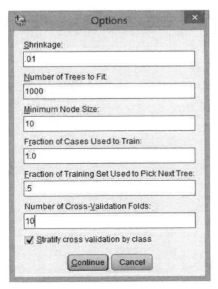

- Shrinkage는 shrinkage parameter: λ(학습률)를 일컫는다.
- Number of Trees to Fit: 업데이팅 횟수 T를 일컫는다.
- Fraction of Training Set Used to Train: 부표본 추출율(subsampling rate) ρ를 일컫는다.
- Number of Cross-Validation Folds: 교차평가의 겹 수를 지정한다.

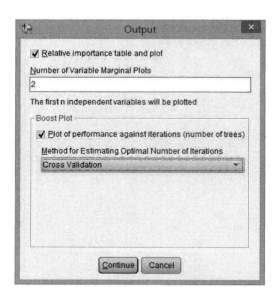

- Boost Plot: Method에는 Out of Bag (oob), Holdout Data (테스트 데이터), Cross Validation(교차평가) 등이 있다.

- 모형을 이용한 예측이 필요한 경우 이 기능을 활용한다. 여기서 모형을 저장하고 나서 Analyze ▶ Generalized Linear Models ▶ Generalized Boosted Regression Prediction 모듈에서 예측을 한다.

출력:

Variable Relative Importance

	Relative Influence
Temp	50.354
InvTmp	21.344
InvHt	9.857
Pres	6.121
Vis	5.029
Hum	4.983
Hgt	1.731
Wind	.581

Importance normalized to sum to 100

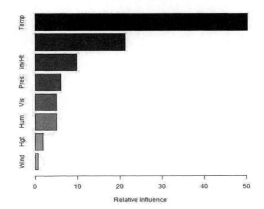

- 변수 중요도를 보여준다.

Best Number of Iterations

	Value
Best Iteration	665.000

Method:cv

- 최적 반복(나무) 수를 일컫는다. 아래에서 이것을 그림으로 볼 수 있다.

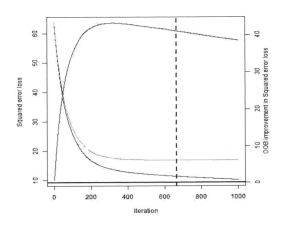

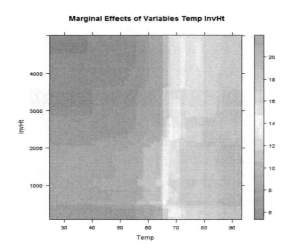

- Temp와 InvHt 간 편의존 플롯(partial dependency plot)이다. Temp와 InvHt은 독립변수 리스트에서 첫 2개 변수이다.

앞서 R 데모에서 생성한 몬테칼로 모의생성된 새 데이터에 대하여 예측모형을 적
용해보자.

데이터 파일 열기: ozone_new.sav (10개 줄, 9개 변수)

	ID	Temp	InvHt	Pres	Vis	Hgt	Hum
1	1	46	5000	-17	120	5730	59
2	2	71	5000	0	30	5750	59
3	3	80	898	44	140	5790	71
4	4	62	111	-5	50	5730	86
5	5	50	5000	32	120	5640	82
6	6	64	1112	13	17	5690	66
7	7	70	5000	29	150	5730	62
8	8	51	5000	28	50	5690	68
9	9	88	3638	57	100	5680	24
10	10	64	1154	-43	300	5750	78

Analyze ▶ Generalized Linear Models
        ▶ Generalized Boosted Regression Prediction

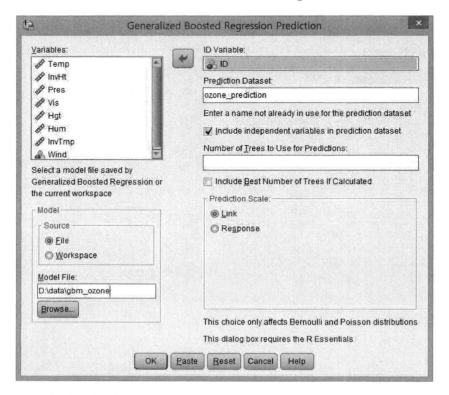

- 모형 예측을 위해 활용한다.
- Model: Generalized Boosted Regression에서 생성된 모형을 저장한 위치를
  지정한다.
- 예측된 값과 기존 값의 병합을 원활히 하기 위해 ID Variable을 지정한다.
- Prediction Dataset: 예측될 데이터 세트의 이름을 입력한다. 이름은 사용 중
  이지 않은 것이어야 한다. Prediction Dataset에는 지정된 ID 변수와 예측에
  사용된 독립변수, 예측값을 포함한 변수가 저장된다. 예측값을 포함한 변수는
  종속변수이름_나무빈도 수 형태로 저장된다. 예를 들어, 종속변수 이름이 Y이
  고 100개의 나무가 사용된 경우 변수명은 Y_100으로 저장된다.
- Number of Trees to Use for Predictions: 예측에 사용할 나무 수를 입력한
  다. 두 개의 나무 수를 입력하고자 할 때에는 공백으로 구분하여 입력할 수 있

다. 예를 들어 100 200을 입력하면 100 또는 200개의 나무를 기준으로 하여 두 개의 예측 세트가 생성된다.

- Include Best Number of Trees If Calculated: 적용한 모형의 최적의 나무수를 적용할 때 체크한다.
- Prediction Scale: 베르누이 및 포아송 분포에만 적용되는 기능으로 Link 함수 값을 계산하려면 Link를, Response 값을 계산하려면 Response를 선택한다. Link의 경우 예측값은 로그 오즈(베르누이)와 로그 빈도(포아송)가 계산되고 Response의 경우에는 확률 및 기대빈도가 계산된다.

출력:

	ID	Ozone_831	Temp	InvHt	Pres	Vis	Hgt
1	1	9	46	5000	-17	120	5730
2	2	13	71	5000	0	30	5750
3	3	22	80	898	44	140	5790
4	4	10	62	111	-5	50	5730
5	5	9	50	5000	32	120	5640
6	6	14	64	1112	13	17	5690
7	7	13	70	5000	29	150	5730
8	8	7	51	5000	28	50	5690
9	9	20	88	3638	57	100	5680
10	10	9	64	1154	-43	300	5750

- Generalized Boosted Regression Prediction 대화상자에서 지정한 대로 ozone_prediction이라는 명칭의 데이터편집기 창이 활성화 되고 Ozone_831 이라는 변수가 생성된 것을 확인할 수 있다. Ozone_831에서 831은 모형 예측에 적용한 기존 모형에서 최적의 나무수가 831로 출력되었기 때문이다.

spam 사례에 대해 SPSS로 분석해 보자.

데이터 파일 열기: gbm_spam_training.sav (3451개 줄, 58개 변수)

	make	address	a	num3d	our	over	remove
1	.00	.00	.00	.00	.00	.00	.00
2	.00	.00	.00	.00	.00	.00	.00
3	.00	.00	.00	.00	.00	.00	.00
4	.00	.00	.00	.00	.00	.00	.00
5	.00	.00	.00	.00	.00	.00	.00
6	.22	.22	.22	.00	1.77	.22	.44
7	.00	.00	.00	.00	.00	.00	.00
8	.00	.00	.00	.00	.00	.00	.00
9	.00	.00	.00	.00	.32	.32	.00
10	.33	.33	.99	.00	.00	.66	.00
11	.00	.00	.00	.31	.94	.00	.00
12	.00	.00	.17	.00	.17	.00	.00
13	.00	.00	.00	.00	.00	.00	.00
14	.00	.00	.00	.00	.00	.00	.00

Analyze ▶ Generalized Linear Models ▶ Generalized Boosted Regression

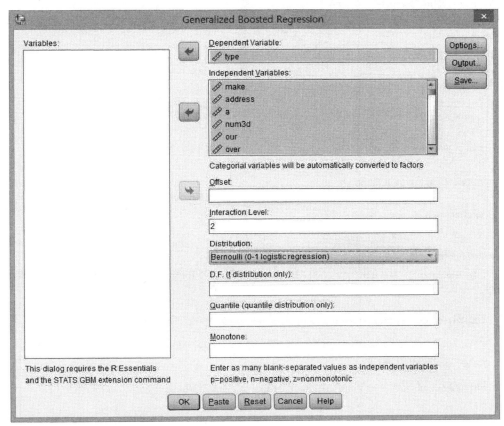

- Dependent Variable: Type을 반응변수로 지정한다.

- Independent Variables: 나머지 변수를 설명변수로 지정한다.

- Interaction Level: 나무의 깊이 d 는 2로 한다.

- Distribution: 반응변수가 이항형이므로 분포를 베르누이 "bernoulli"로 지정한다.

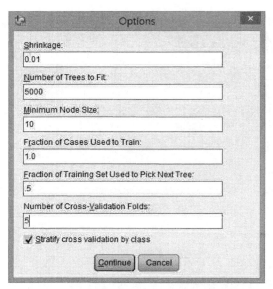

- Shrinkage는 shrinkage parameter로 λ(학습률)를 의미한다. 0.01로 지정한다.
- Number of Trees to Fit: 업데이팅 횟수 T는 5,000으로 입력한다.
- Fraction of Training Set Used to Train: 부표본 추출율(subsampling rate) ρ를 일컫는다.
- Number of Cross-Validation Folds: 교차평가의 겹 수를 5로 지정한다.

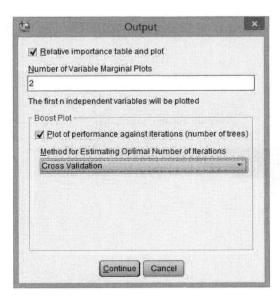

- Number of Variable Marginal Plots: 2로 입력한다.
- Boost Plot: Cross Validation(교차평가)로 지정한다.

- 모형을 이용한 예측이 필요한 경우 이 기능을 활용한다. 여기서 모형을 저장하고 나서 Analyze ▶ Generalized Linear Models ▶ Generalized Boosted Regression Prediction 에서 예측을 한다.

출력:

Variable Relative Importance

	Relative Influence
charDollar	19.874
charExclamation	18.162
remove	12.353
free	8.676
hp	6.865
capitalLong	6.118
capitalAve	6.012
your	4.137
george	2.129
our	1.915
capitalTotal	1.832
edu	1.562
money	1.416
you	.784
internet	.743
will	.660
email	.646
num650	.632
receive	.539
num1999	.524

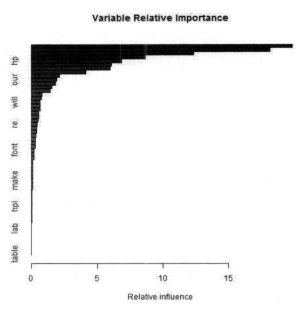

- 각 변수의 중요도를 보여준다.

Best Number of Iterations

	Value
Best Iteration	4964.000

Method:cv

- 최적 반복(나무) 수를 보여준다.

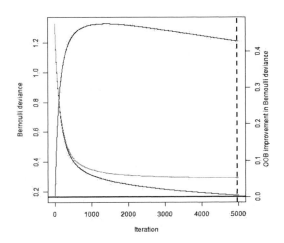

- 최적 반복(나무) 수를 그림으로 확인할 수 있다.

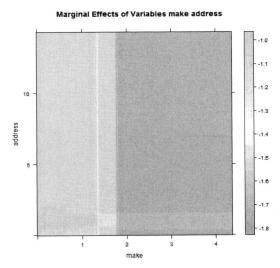

- make와 address 간 편의존 플롯(partial dependency plot)이다. make와 address는 독립변수 리스트에서 첫 2개 변수이다.

----

spam test 데이터에 예측 모형을 적용해보자.

데이터 파일 열기: gbm_spam_test.sav (1150개 줄, 59개 변수)

	ID	make	address	a	num3d	our	over	remove
1	1	.00	.64	.64	.00	.32	.00	.00
2	6	.00	.00	.00	.00	1.85	.00	.00
3	8	.00	.00	.00	.00	1.88	.00	.00
4	11	.00	.00	.00	.00	.00	.00	.96
5	24	.00	.00	.00	.00	1.16	.00	.00
6	29	.00	.00	.00	.00	.00	.00	.00
7	30	.00	.00	.00	.00	.65	.00	.65
8	32	.00	.00	3.03	.00	.00	.00	.00
9	37	.00	.00	.00	.00	2.94	.00	.00
10	38	.00	.00	.48	.00	1.46	.00	.48
11	39	.00	.48	.48	.00	.48	.00	.00
12	55	.73	.36	.73	.00	.00	.73	.73
13	58	.00	.00	1.26	.00	.00	.00	.00
14	59	.00	.45	.45	.00	.45	.00	.00

Analyze ▶ Generalized Linear Models
  ▶ Generalized Boosted Regression Prediction

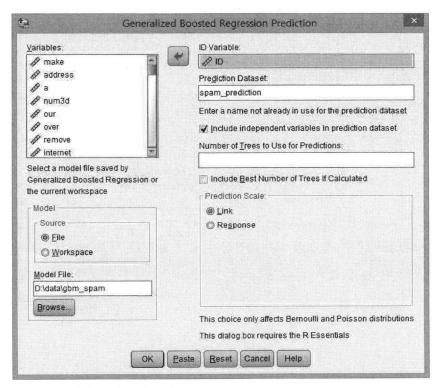

- 모형 예측을 위해 활용한다.

- Model: Generalized Boosted Regression에서 생성된 모형을 저장한 위치를 지정한다.

- 예측된 값과 기존 값의 병합을 원활히 하기 위해 ID Variable을 지정한다.

- Prediction Dataset: 예측될 데이터 세트의 이름을 입력한다.

- Number of Trees to Use for Predictions: 예측에 사용할 나무 수를 입력한다.

- Include Best Number of Trees If Calculated: 적용한 모형의 최적의 나무수를 적용할 때 체크한다.

- Prediction Scale: 베르누이 및 포아송 분포에만 적용되는 기능으로 Link 함수를 선택한다.

	ID	type_4964	make	address	a	num3d	our	over
1	1	3	.00	.64	.64	.00	.32	.00
2	6	1	.00	.00	.00	.00	1.85	.00
3	8	1	.00	.00	.00	.00	1.88	.00
4	11	1	.00	.00	.00	.00	.00	.00
5	24	2	.00	.00	.00	.00	1.16	.00
6	29	3	.00	.00	.00	.00	.00	.00
7	30	6	.00	.00	.00	.00	.65	.00
8	32	4	.00	.00	3.03	.00	.00	.00
9	37	5	.00	.00	.00	.00	2.94	.00
10	38	6	.00	.00	.48	.00	1.46	.00
11	39	3	.00	.48	.48	.00	.48	.00
12	55	8	.73	.36	.73	.00	.00	.73
13	58	-1	.00	.00	1.26	.00	.00	.00
14	59	4	.00	.45	.45	.00	.45	.00

- Generalized Boosted Regression Prediction 대화상자에서 지정한 대로 spam_prediction이라는 명칭의 데이터편집기 창이 활성화 되고 type_4964라는 변수가 생성된 것을 확인할 수 있다.

2장. 밀도기반 군집화 density-based clustering

밀도기반 군집화는 Ester, Kreigel, Sander와 Xu (1996)의 KDD-96 연구가 구현된 알고리즘으로 다양한 형태의 군집을 탐지할 수 있고 군집 수를 사전에 지정할 필요가 없다는 점에서 높은 평가를 받고 있다. 이 장에서는 밀도기반 군집화의 방법론을 설명하고 R fpc 팩키지의 dbscan( ) 함수를 활용한 데이터 군집화 사례를 제시하고자 한다.

1. 방법론

밀도기반 군집화 방법은 임의의 관측개체 x_0의 이웃(neighborhood)을 탐색하는 것으로 시작된다. 몇 개의 중심 용어를 정의하기로 하자.

- x_0의 ϵ-이웃 $N_\epsilon(x_0)$ (ϵ-neighborhood $N_\epsilon(x_0)$ of x_0):
$$N_\epsilon(x_0) = \{ x_i \mid d(x_0, x_i) \leq \epsilon \}.$$
$N_\epsilon(x_0)$는 x_0을 중심으로 반경 $\epsilon > 0$ 이내에 있는 개체들을 포함한다.

- ϵ-이웃 $N_\epsilon(x_0)$이 m (= MinPts)개 이상의 개체를 확보하는 경우에는 x_0을 중심점(core point)이라고 부른다. [중심 개체들은 '完生'이다].

- x_1이 x_0에서의 직접 밀도-도달점이다 (x_1 is directly density-reachable from a core point x_0) $\Leftrightarrow$ $x_1 \in N_\epsilon(x_0)$이고 x_0이 중심점이다.

- x_1이 x_0에서의 밀도-도달점이다 (x_1 is density-reachable from a point x_0) $\Leftrightarrow$ z_{j+1}이 z_j으로부터의 직접 밀도-도달점이 되도록 $z_1, \cdots, z_n$이 존재한다 ($j = 0, \cdots, n$; $z_0 = x_0, \cdots, z_{n+1} = x_1$).

- x_1이 x_0에서의 밀도-연결점이다 (x_1 is density-connected to x_0) $\Leftrightarrow$ x_0

가 z에서의 밀도-도달점이고 x_1도 z에서의 밀도-도달점인 z가 존재한다.

이런 정의에 따라 형성되는 군집들은 다음의 성질을 갖는다.

■ C가 1개의 군집이다. ⇔

  1) $x_1 \in C$이고 x_2가 x_1에서의 밀도-도달점이면 $x_2 \in C$이다 [Maximality].
  2) $x_1, x_2 \in C$이면 x_1는 x_2에서의 밀도-연결점이다 [Connectivity].

■ x_0이 중심점이면 x_0에서 밀도-도달 되는 x들이 1개의 군집을 형성한다.

잡음(noise) N은 어느 군집에도 속하지 않은 개체들의 집합이다.

최소 개체 수 m이 2로, 반경 ϵ이 0.25로 세팅되었다고 하자. 그림 1에서 반경 ϵ의 원이 그려지지 않은 개체들이 잡음 집합 N에 속하는 특이점(outlier)이다. 이들 주변에는 이웃 개체가 없다. 둘레 원이 겹치는 영역에 개체점이 들어있는 경우 해당하는 두 개체는 한 군집에 소속된다.

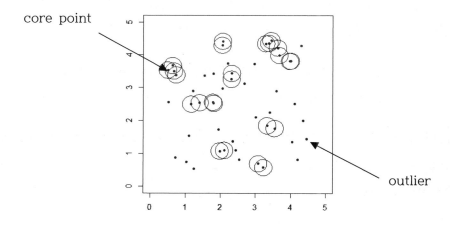

그림 1. 밀도기반 군집화의 기본 개념 ($m = 2, \epsilon = 0.25$)

밀도기반 군집화(density-based clustering, DBSCAN) 알고리즘[1]:

```
Input: The data set X
Parameter: ε (=radius), m (=MinPts)
For each object i in X
    if i is a core object and not processed then
        C = retrieve all objects* density-reachable from i
        mark all objects in C as processed
        report C as a cluster
    else mark i as outlier
    end if
End For

* not processed
```

DBSCAN 알고리즘의 계산량은 $n \log n$ 에 비례하는 것으로 알려져 있다. 그러나 R fpc 팩키지에 구현된 dbscan( ) 함수의 계산량은 n^2 에 비례한다.

2. 오존 자료 사례

1장에서는 ozone {gclus} 자료에서 Ozone을 종속변수로, Ozone을 제외한 8개 변수(Temp, InvHt, Hum, Pres, Vis, Hgt, Hum, InvTmp, Wind)를 설명변수로 활용하여 회귀모형을 구축한 바 있다. 여기서는 8개 설명변수의 표준화 변환 자료에 밀도기반 군집화를 적용하기로 한다 ($m = 5$, $\epsilon = 1.4$).

```
library(fpc)
library(gclus)
data(ozone)
str(ozone)
cluster.1 <- dbscan(ozone[,-1], scale=TRUE, eps=1.4, MinPts=5)
cluster.1
```

---

1) Source: www.cse.buffalo.edu/faculty/.../density-based.ppt

```
dbscan Pts=330 MinPts=5 eps=1.4
          0    1    2    3
border   69   52   12   10
seed      0  171    8    8
total    69  223   20   18
```

앞의 출력은 다음과 같이 읽힌다.

- 그룹 0 (개체 수 69)은 잡음 집합이다. 즉, 69개 특이점이 발견되었다.

- 군집 1이 가장 커서 223개 개체로 구성된다. 중심개체(core point, seed point)가 171개이고 그 밖의 개체, 즉 주변개체(border point)가 52개이다.

- 군집 2와 그룹 3이 각각 20개와 18개 개체로 구성된다.

군집화 결과의 시각화 방법. 다음과 같이 정준판별분석을 활용할 수 있다.[2]

```
z <- scale(ozone[,-1])

plotcluster(z, clvecd=cluster.1$cluster, ignorepoints=T, ignorenum=0,
    main="ozone clusters in canonical discriminant space", cex=0.8,
    xlim=c(-6,6), ylim=c(-6,6))
```

그림 2가 그 결과이다. 군집 1, 2, 3 등은 숫자로 찍히고 특이점(outlier, 그룹 0)은 "N"으로 찍힌다.[3]

그림 3은 밀도기반 군집의 Ozone 특성과 Temp 특성을 상자그림으로 살펴본 것이다. 여기서 Ozone은 군집화에 쓰이지 않은 변수이고 Temp는 군집화에 쓰인 변수인데, 두 변수 모두에서 군집 간 차별성이 크게 나타났다.[4] Temp 외의 군집화 변수에 대하여도 군집 간 차별성이 어느 정도인지 살펴볼 필요가 있다.

다음과 같이 R 스크립트를 작성한다.

---

2) 정준판별분석(canonical discriminant analysis)은 군집 간 차별성이 최대화되는 저차원 공간을 찾아 개체 점들을 플롯한다. 그룹 0의 N점들도 같은 공간에 사영된다.

3) 그림 2가 2차원이므로 N점들이 군집 점들과 겹치는 것으로 나타난다. 고차원의 정준판별공간에서는 N점들이 제3축 이상에서 군집 개체 점들과 구별된다.

4) 상자그림에서 특이점 집합인 그룹 0는 제외하고 봐야 한다.

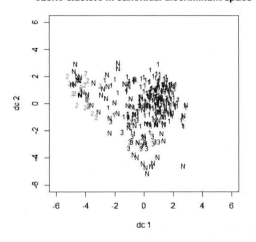

그림 2. 정준판별공간에 사영된 밀도기반 군집화 결과

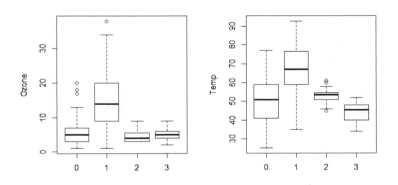

그림 3. 밀도기반 군집의 Ozone 특성과 Temp 특성

```
par(mfrow=c(1,2))
boxplot(Ozone~cluster.1$cluster, data=ozone, ylab="Ozone")
boxplot(Temp~cluster.1$cluster, data=ozone, ylab="Temp")
```

* 이 절의 실습파일: density based clustering_ozone.r

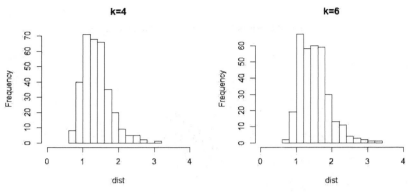

그림 4. k-최근접 이웃 개체와의 거리

밀도기반 군집화, 즉 DBSCAN 알고리즘에서 파라미터는 ϵ과 $m\,(=\text{MinPts})$이
다. ϵ 또는 m을 크게 잡을수록 군집 수가 작아지고 군집의 크기는 커진다 (예
외가 있을 수 있다). 그런데 ϵ이 클수록 ϵ-이웃 $N_\epsilon(\boldsymbol{x}_0)$이 포함하는 개체 수
가 커지므로 m도 상응하는 수준으로 키울 필요가 있다. 이때 도움이 되는 것
이 k-최근접 이웃 개체와의 거리에 관한 통계적 정보이다.

다음 R 스크립트는 오존 자료(표준화 8개 설명변수 자료)에서 k-최근접 이웃
개체와의 거리에 대한 중간값(median)을 산출한다 ($k = 1, 2, 3, \cdots, 9$). $k = 4$
일 때 중간값 거리는 1.34이다. 따라서 ϵ을 1.34로 하면서 $m\,(= k+1)$을 5로
잡으면 절반 정도의 개체들이 중심점으로 처리될 것으로 예상할 수 있다. 그림
4는 $k = 4$와 $k = 6$에 대하여 k-최근접 이웃 개체와의 거리를 히스토그램으로
살펴본 것이다.

```
library(FNN)
knn.z <- knn.dist(z, k=8)
round(apply(knn.z, 2, median),2)
[1] 0.98 1.12 1.24 1.34 1.42 1.47 1.52 1.58

par(mfrow=c(1,2))
hist(knn.z[,4], xlim=c(0,4), xlab="dist", main="k=4")
hist(knn.z[,6], xlim=c(0,4), xlab="dist", main="k=6")
```

3. k-평균 군집화와의 차이

밀도기반 군집화는 군집화 방법 가운데 가장 인기 있는 k-평균 군집화와 어떻게 다른가? 차이점이 잘 보이는 한 예를 제시하기로 한다.

그림 5 왼쪽의 자료는 몬테칼로 모의생성된 것으로, 한 그룹은 중심이 $(2, 8)$인 원형을 이루고 다른 한 그룹은 $y = 0.8\,x$을 중심으로 막대 형태이다.

이 자료에 밀도기반 군집화와 k-평균 군집화는 각각 어떤 결과를 낼까? 그림 4의 오른쪽이 밀도기반 군집화의 결과인데 군집이 제대로 잘 나왔다.

```
library(fpc)
n <- 1000
x.1 <- runif(n,0,10)
x <- c(x.1, rnorm(n, 2, 1))
y <- c(0.8*x.1 + rnorm(n, 0, 1), rnorm(n, 8, 1))
plot(x, y, main="Monte-Carlo simulated data")
X <- cbind(x, y)
ds <- dbscan(X, 0.45); ds
x11(); plot(ds, X, main="density based clustering")
```

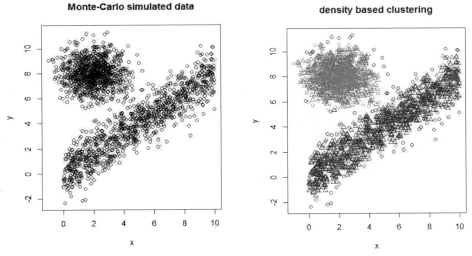

그림 5. 모의생성자료와 밀도기반 군집화($\epsilon = 0.45$, $m = 5$)

같은 자료에 대하여 k-평균 군집화는 어떤 결과를 낼까? 그 결과는 그림 6과 같이 임의적인 초기값에 따라 다른 결과가 나온다. 일반적으로, k-평균 군집화는 안정적이지 않다. 또한 군집의 형태가 원형이 되도록 숨은 힘이 작동된다.

k-평균 군집화와는 달리, 밀도기반 군집화는 안정적이며 그대로의 형태로 군집 형태가 드러나게 한다.

또한 k-평균 군집화에서는 군집 수 k를 사전에 지정되어야 하는데 이것이 자료 분석자에게는 큰 부담이다. 특히 불특정수의 특이점(outlier)이 내재하는 자료에 대하여는 k를 사전에 지정하기가 매우 곤란하다. 그러나 밀도기반 군집화에서는 특이점이 자동으로 선별되므로 군집화 작업 시 장애가 되지 않는다.

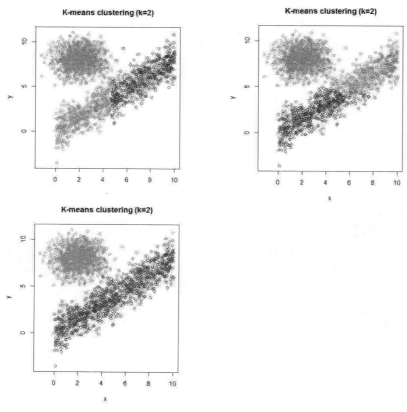

그림 6. 같은 모의생성자료에 대한 k-평균 군집화

----

4. spam 사례: 군집의 예측

밀도기반 군집화를 하고 난 다음, 새로 얻은 개체들에 군집 레이블을 붙일 필요가 있다고 하자. fpc 팩키지에 predict.dbscan( ) 함수가 제공되고 있기는 하지만, 이것으로는 많은 수의 개체들에 대하여 군집 레이블 할당이 되질 않는다. 왜냐하면 그런 개체들의 ϵ 반경 안에 군집 레이블이 확보된 중심 개체가 없기 때문이다.

예로서, 1장에서 다루어진 바 있는 spam {kernlab} 자료를 training 자료와 test 자료로 분할하여 training 자료를 밀도기반 군집화하고, 이때 만들어진 군집화 모형을 test 자료에 적용하여 보자.5)

다음 R 스크립트는 training 자료를 밀도기반 군집화한다 ($\epsilon = 4$, $m = 10$).

```
library(fpc); library(kernlab)
data(spam); str(spam)
n <- nrow(spam)
set.seed(123)
train <- sample(n, round(n*0.75))
spam.train <- spam[train,1:57]
spam.test <- spam[-train,1:57]
spam.cluster <- dbscan(spam.train, scale=TRUE, eps=4, MinPts=10)
```

결과는 다음과 같다. N 그룹의 크기가 915로 나타났다 (대략 25%).

```
> spam.cluster

dbscan Pts=3451 MinPts=10 eps=4
          0    1   2   3   4   5
border  915  356  14   0   4  10
seed      0 2078  31  30  11   2
total   915 2434  45  30  15  12
```

_____

5) kernlab 팩키지의 spam 자료는 4,601개 e-mail의 57개 텍스트 특성과 메일 유형으로 구성되어 있다. 메일 유형(type)은 "nonspam"과 "spam" 중 하나이다.

----

training 사례들에 대하여 군집 레이블을 메일 유형(=type)와 교차시켜 보면

```
> addmargins(table(spam.cluster$cluster, spam[train,"type"]))
```

	nonspam	spam	Sum
0	487	428	915
1	1575	859	2434
2	0	45	45
3	30	0	30
4	0	15	15
5	12	0	12
Sum	2104	1347	3451

을 얻는다. 즉 N 그룹에서는 "nonspam"과 "spam" 수가 엇비슷하지만 군집
1에서는 "nonspam"이 "spam"의 2배 가까이 되었다. 군집 2, 3, 4, 5는 메일
유형이 깨끗이 나눠졌다.

training 자료에서 만들어진 군집화 모형에 test 자료를 넣어 결과를 보자.

```
spam.test.cluster <- predict.dbscan(spam.cluster, spam.train, spam.test)
addmargins(table(spam.test.cluster, spam[-train,"type"]))
```

spam.test.cluster	nonspam	spam	Sum
0	308	266	574
1	368	195	563
2	0	4	4
3	5	0	5
4	0	1	1
5	3	0	3
Sum	684	466	1150

574개의 개체들에 대하여 군집 레이블 할당이 되지 않았음을 볼 수 있다. 군집
1에 할당된 개체가 563개와 거의 같은 정도이다. 이렇게 된 데에는 군집 레이
블 할당에 동일한 반경 ϵ 을 썼기 때문이다.

군집 레이블 할당 시에는 대다수 개체들에 군집 레이블이 붙게끔 반경 ϵ 을 크게 할 필요가 있다. 다음은 $\epsilon = 10$ 을 적용한 결과이다.

```
spam.cluster$eps <- 10
spam.test.cluster.1 <- predict.dbscan(spam.cluster, spam.train, spam.test)
addmargins(table(spam.test.cluster.1, spam[-train,"type"]))
```

spam.test.cluster.1	nonspam	spam	Sum
0	56	110	166
1	619	351	970
2	0	4	4
3	5	0	5
4	0	1	1
5	4	0	4
Sum	684	466	1150

확대된 ϵ 을 training 자료에 적용하여 군집 레이블을 할당하도록 하면 비분류 그룹 N의 크기가 줄어든다. 다음에서 이를 확인해 보라.

```
spam.train.cluster <- predict.dbscan(spam.cluster, spam.train, spam.train)
addmargins(table(spam.train.cluster, spam[train,"type"]))
```

spam.train.cluster	nonspam	spam	Sum
0	103	214	317
1	1955	1088	3043
2	0	34	34
3	31	0	31
4	1	11	12
5	14	0	14
Sum	2104	1347	3451

다음은 밀도기반 군집화와 k-평균 군집화 (군집 수 5)의 차이를 보기 위하여 작성된 R 스크립트이다.

```
# set.seed(123)
```

```
spam.train.kmeans <- kmeans(scale(spam.train), 5)
addmargins(table(spam.train.cluster, spam.train.kmeans$cluster))
```

spam.train.cluster	1	2	3	4	5	Sum
0	2	9	100	4	202	317
1	6	0	2155	88	794	3043
2	0	0	0	0	34	34
3	0	0	31	0	0	31
4	0	0	11	0	1	12
5	14	0	0	0	0	14
Sum	22	9	2297	92	1031	3451

* 위 교차표에서 열이 k-means clustering의 군집이다.

5*5 교차표의 25개 칸 중에서 최대 빈도는 2,155이다. 이만큼에서는 두 군집화가 일치하지만 그 외 1,296(=3,451-2,155) 개체에서 두 군집화가 어긋나 있다. 대략적으로, 밀도기반 군집 1이 k-평균 군집 3과 군집 5로 나누어진다고 볼 수 있다.

* 이 절의 실습파일: density based clustering_spam.r

참고자료

Ester, M., Kreigel, H.P., Sander, J., and Xu, X. (1996). "A Density-Based Algorithm for Discovering Clusters in Large Spatial Databases with Noise", Proceedings of 2nd International Conference on Knowledge Discovery and Data Mining (KDD-96).

부록. SPSS의 활용

R로 실행했던 ozone 사례와 spam 사례를 SPSS로 분석해 보고자 한다.

ozone 사례는 Ozone 변수를 제외한 8개 설명변수의 표준화 변환 자료에 밀도기반 군집화를 적용하기로 한다 ($m = 5$, $\epsilon = 1.4$).

데이터 파일 열기: ozone.sav (330개 줄, 9개 변수)

	Ozone	Temp	InvHt	Pres	Vis	Hgt	Hum
1	3	40	2693	-25	250	5710	28
2	5	45	590	-24	100	5700	37
3	5	54	1450	25	60	5760	51
4	6	35	1568	15	60	5720	69
5	4	45	2631	-33	100	5790	19
6	4	55	554	-28	250	5790	25
7	6	41	2083	23	120	5700	73
8	7	44	2654	-2	120	5700	59
9	4	54	5000	-19	120	5770	27
10	6	51	111	9	150	5720	44
11	5	51	492	-44	40	5760	33
12	4	54	5000	-44	200	5780	19
13	4	58	1249	-53	250	5830	19
14	7	61	5000	-67	200	5870	19
15	5	64	5000	-40	200	5840	19

Analyze ▶ Classify ▶ Density-Based Clustering

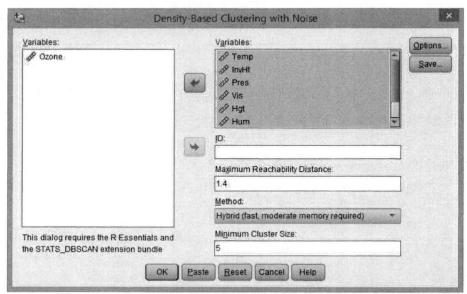

training 자료를 밀도기반 군집화한다($\epsilon = 1.4$, $m = 5$).

- Variables: 밀도기반 군집화에 사용할 변수를 입력한다. Ozone을 제외한 8개
  의 변수를 모두 입력한다.

- Maximum Reachability Distance: 반경 ϵ =1.4를 입력한다.

- Minimum Cluster: 최소 개체수 m =5를 입력한다.

- Method: Hybrid를 선택한다. Hybrid는 실행 속도를 빠르게 해준다.

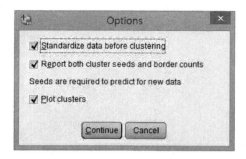

- Options: Standardize data before clustering에 체크해준다. 군집하기 전 데

이터를 표준화한다. 여기서 언급된 seeds는 cores를 의미한다.

모형을 이용한 예측이 필요한 경우 이 기능을 활용한다. 여기서 모형을 저장하고 나서 Analyze ▶ Classify ▶ Density Based Clustering Prediction에서 예측을 한다.

- Save Cluster Dataset은 데이터셋 형태로 저장하는 기능이다.
- Workspace는 사용자가 지정한 경로에 파일 형태로 저장하는 기능이다.
- Workspace Retention은 생성된 모형을 작업공간에 유지하여 예측시 바로 활용하는 기능이다.

출력:

Cluster Membership Distribution

Cluster Number	Seed Frequency	Border Frequency	Total
0	0	69	69
1	171	52	223
2	8	12	20
3	8	10	18
Total	187	143	330

- 그룹 0은 잡음 집합으로 개체 수가 69개이다. 즉, 69개의 특이점이 발견되었다.

- 군집 1이 223개 개체로 구성되어 가장 크고 중심개체(core point, seed point)가 171개, 주변개체(border point))가 52개이다.

- 군집 2와 그룹 3이 각각 20개와 18개 개체로 구성된다.

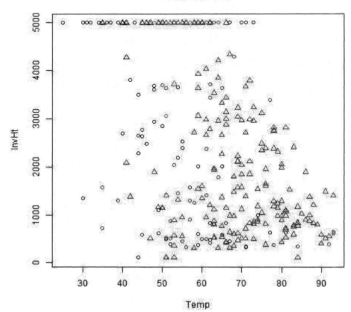

Cluster Plot

- Cluster Plot은 Temp와 InvHt 변수를 기준으로 보았을 때 다음과 같다.

spam 사례에 대해 SPSS로 분석해 보자.

데이터 파일 열기: spam_training.sav (3451개 줄, 58개 변수)

	ID	make	address	a	num3d	our	over	remove
1	1324	.00	.00	.00	.00	.00	.00	.00
2	3627	.00	.00	.00	.00	.00	.00	.00
3	1881	.00	.00	.00	.00	.00	.00	.00
4	4061	.00	.00	.00	.00	.00	.00	.00
5	4324	.00	.00	.00	.00	.00	.00	.00
6	210	.22	.22	.22	.00	1.77	.22	.44
7	2427	.00	.00	.00	.00	.00	.00	.00
8	4100	.00	.00	.00	.00	.00	.00	.00
9	2533	.00	.00	.00	.00	.32	.32	.00
10	2097	.33	.33	.99	.00	.00	.66	.00
11	4393	.00	.00	.00	.31	.94	.00	.00
12	2081	.00	.00	.17	.00	.17	.00	.00
13	3110	.00	.00	.00	.00	.00	.00	.00
14	2628	.00	.00	.00	.00	.00	.00	.00
15	473	.00	.00	.64	.00	.64	.00	.00

앞에서 다루어졌던 spam 자료를 training 자료로 분할한 데이터인 spam_training.sav 파일을 열어 모형을 생성한다.

Analyze ▶ Classify ▶ Density-Based Clustering

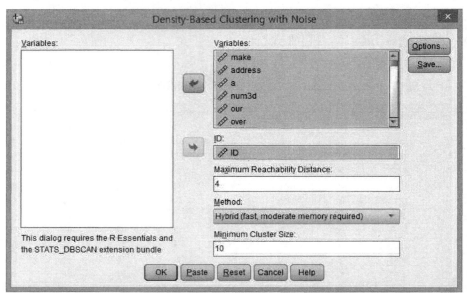

training 자료를 밀도기반 군집화한다($\epsilon = 4$, $m = 10$).

- Variables: 밀도기반 군집화에 사용할 변수를 입력한다.

- Maximum Reachability Distance: 반경 ϵ 를 입력한다.

- Minimum Cluster: 최소 개체수 m 을 입력한다.

- Method: Hybrid를 선택한다. Hybrid는 실행 속도를 빠르게 해준다.

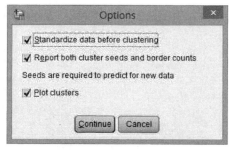

- Options의 Standardize data before clustering에 체크해준다. 군집하기 전 데이터를 표준화한다. 여기서 언급된 seeds는 cores를 의미한다.

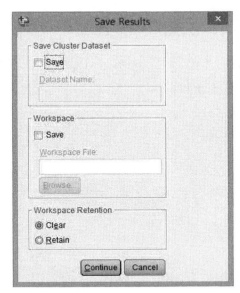

- 모형을 이용한 예측이 필요한 경우 이 기능을 활용한다. 여기서 모형을 저장하고 나서 Analyze ▶ Classify ▶ Density Based Clustering Prediction에서 예측을 한다.
- Save Cluster Dataset은 데이터셋 형태로 저장하는 기능이다.
- Workspace는 사용자가 지정한 경로에 파일 형태로 저장하는 기능이다.
- Workspace Retention은 생성된 모형을 작업공간에 유지하여 예측시 바로 활용하는 기능이다.

출력:

Cluster Membership Distribution

Cluster Number	Seed Frequency	Border Frequency	Total
0	0	915	915
1	2078	356	2434
2	31	14	45
3	30	0	30
4	11	4	15
5	2	10	12
Total	2152	1299	3451

- 그룹 9은 잡음 집합으로 개체 수가 915개이다. 즉, 915개의 특이점이 발견되었
  다.(25%)
- 군집 1이 2434개 개체로 구성되어 가장 크고 중심 개체(core point, seed
  point)가 2078개, 주변개체(border point)가 356개이다.

3장. 헤크만 선택 모형 Heckman's selection models

출현집단이 모집단에서 비임의적으로 선택된(nonrandomly selected) 일부인 경우 출현변수 Y와 공변량 X의 관계를 출현집단의 관측만으로 선형회귀모형을 적합하면 편향(bias)이 발생한다. 헤크만의 선택모형은 정규분포의 가정 하에서 회귀적 관계를 편향 없이 추정해내는 방법이다. 이 장에서는 헤크만의 방법을 설명하고 R sampleSelection 팩키지의 selection( ) 함수를 활용한 사례를 제시한다.

1. 헤크만 토빗-2 모형

모집단에서 관찰 그룹이 임의적 메커니즘에 의해 선택된 경우에는 통계적 추론이 순탄하게 된다. 그러나 그렇지 않은 경우에는 편향(bias)된 추론이 불가피하다. 예를 들어 교육년수(edu, X)가 임금(wage, Y)에 미치는 회귀적 관계를 찾는 문제에서 고용자 자료만 활용한다면 회귀식의 기울기가 편향 추정될 가능성이 있다. 왜냐하면 교육년수가 큰 사람들이 더 큰 고용기회를 가질 터인데 누락 변수(omitted variable, 예컨대 부모의 사회경제적 지위)가 고용기회와 임금에 영향을 줄 수 있기 때문이다.

이런 편향을 제거하고자 Heckman (1979)은 다음의 2단계 모형을 제안하였다.

☐ **헤크만의 토빗-2 모형** (Heckman's tobit-2 model):

응답자 $i\,(=1,\cdots,n)$에 대하여

선택 모형 (for selection): $\quad y_i^{S*} = \underline{\beta}^{S\prime} x_i^S + \epsilon_i^S,$ (1a)

출현 모형 (for outcome): $\quad y_i^{O*} = \underline{\beta}^{O\prime} x_i^O + \epsilon_i^O.$ (1b)

- 여기서 y_i^{S*}와 y_i^{O*}는 각각 선택과 출현에서의 잠재 변수 값이고 ϵ_i^S와 ϵ_i^O는 다음과 같이 상관계수 ρ로 묶인 정규변량이다.

$$\begin{pmatrix} \epsilon_i^S \\ \epsilon_i^O \end{pmatrix} = N\left(\begin{pmatrix} 0 \\ 0 \end{pmatrix}, \begin{pmatrix} 1 & \rho\,\sigma_\epsilon \\ \rho\,\sigma_\epsilon & \sigma_\epsilon^2 \end{pmatrix} \right).$$

- 실제 관측값이 다음과 같은 상황에 적용된다.

$$y_i^S = \begin{cases} 0, & if\ y_i^{S*} < 0 \\ 1, & otherwise, \end{cases} \qquad y_i^O = \begin{cases} 0, & if\ y_i^S = 0 \\ y_i^{O*}, & otherwise. \end{cases}$$

- 이것은 $y_i^S = 1$인 경우에는 y_i^{O*}가 출현하지만 $y_i^S = 0$인 경우 y_i^O가 0 으로 처리됨을 의미한다 (이를 'censor'(중절) 되었다고 말한다).

- 개체 i가 'censor'되지 않을 확률은 $\varPhi(\underline{\beta}^{S\prime} x_i^S)$이다. 이에 따라 모형 (1a)는

프로빗 모형: $P\{y_i^S = 1\} = \varPhi(\underline{\beta}^{S\prime} x_i^S),\quad i = 1, \cdots, n$

으로 귀착된다.

헤크만의 토빗-2 모형은 $y_i^S = 1$인 부자료(subset)에 조건화하여

$$y_i^O = \beta^{O\prime} x_i^O + \rho\,\sigma_\epsilon \lambda(\underline{\beta}^{S\prime} x_i^S) + \eta_i \tag{2}$$

로 표현된다. 여기서 "inverse Mill's ratio"로 칭해지는 람다함수는

$$\lambda(z) = \phi(z)/\varPhi(z)$$

로 정의되고 η_i는 새로운 오차항이다. $\hat{\beta}^S$는 모형 식 (1a)의 적합에서 얻어지고 모형 식 (2)에서 실제로는 $\lambda(\underline{\beta}^{S\prime} x_i^S)$ 대신 $\lambda(\hat{\beta}^{S\prime} x_i^S)$가 투입된다.

따라서 $\rho = 0$이 아닌 경우 관측자료, 즉 $y_i^S = 1$인 부자료(subset)로만 식 (1b)를 적합하게 되면 y_i^O에 대한 예측에서 $\rho\,\sigma_\epsilon \lambda(\underline{\beta}^{S\prime} x_i^S)$ 만큼의 편향이 발생한다.

헤크만 모형의 추정 방법에는 "2단계 추정(2-step estimation)"과 "최대가능도 추정(maximum likelihood estimation)"이 있다. 2단계 추정은 선택 모형과 출현 모형을 순차적으로 추정하고 최대 가능도 추정은 두 모형을 동시에 추정한다. 이에 대한 설명은 생략한다. R sampleSelction 팩키지의 selection( ) 함수에서 디폴트는 최대가능도 추정이지만 활용성의 측면에서 2단계 추정을 추천한다.

예 1. Mroz87 자료

이 자료는 1987년 Mroz의 여성 노동력에 관한 연구에서 나온 것이다. 변수는 다음과 같다.

- lfp (노동력 참여, labour force participation): 0 또는 1,
- wage (임금): lfp = 0인 경우 wage = 0이 되는 구조,
- age (나이): 공변량,
- faminc (가구소득family income): 공변량,
- kids5 (5세 이하 자녀): 공변량,
- kids618 (6세-18세 자녀): 공변량,
- educ (교육): 공변량,
- exper (경험, experience): 공변량,
- city (도시 거주자): 공변량.

피조사자는 753명인데 출현이 428건이고 'censor'가 325건이다. 즉, censor된 325건에서는 lfp가 0이고 wage도 0이다. 나머지 428건에서는 lfp가 1이고 wage도 양이다.

설정된 모형은 다음과 같다.

- 선택모형: lfp ~ age + I(age^2) + faminc + kids + educ
- 출현모형: wage ~ exper + I(exper^2) + educ + city

여기서 I(x^2)은 변수 x의 제곱항을 의미한다. '선택'은 프로빗으로 모형화된다.

다음이 Mroz87 자료의 헤크만 분석을 위한 R 스크립트이다. sampleSelection 팩키지의 selection( ) 함수가 활용되었다. 이 함수에서는 2개의 모형 식이 지정되는데 앞의 것이 선택 모형이고 뒤의 것이 출현 모형이다.

```
library(sampleSelection)
data(Mroz87)
str(Mroz87)
```

```
boxplot(wage ~ lfp, data=Mroz87, xlab="lfp groups", ylab="wage")
Mroz87$kids <- (Mroz87$kids5 + Mroz87$kids618 > 0)
greeneTS <- selection(lfp ~ age + I(age^2) + faminc + kids + educ,
    wage ~ exper + I(exper^2) + educ + city,
    data = Mroz87, method = "2step")
summary(greeneTS)
```

출력은 다음과 같다.

```
Tobit 2 model (sample selection model),
2-step Heckman / heckit estimation
753 observations (325 censored and 428 observed),
14 free parameters (df = 740)
```

Probit selection equation:

	Estimate	Std. Error	t value	Pr(>|t|)	
(Intercept)	-4.157e+00	1.402e+00	-2.965	0.003127	**
age	1.854e-01	6.597e-02	2.810	0.005078	**
I(age^2)	-2.426e-03	7.735e-04	-3.136	0.001780	**
faminc	4.580e-06	4.206e-06	1.089	0.276544	
kidsTRUE	-4.490e-01	1.309e-01	-3.430	0.000638	***
educ	9.818e-02	2.298e-02	4.272	2.19e-05	***

Outcome equation:

	Estimate	Std. Error	t value	Pr(>|t|)	
(Intercept)	-0.9712003	2.0593505	-0.472	0.637	
exper	0.0210610	0.0624646	0.337	0.736	
I(exper^2)	0.0001371	0.0018782	0.073	0.942	
educ	0.4170174	0.1002497	4.160	3.56e-05	***
city	0.4438379	0.3158984	1.405	0.160	

Multiple R-Squared:0.1264,   Adjusted R-Squared:0.116

Error terms:

	Estimate	Std. Error	t value	Pr(>|t|)
invMillsRatio	-1.098	1.266	-0.867	0.386
sigma	3.200	NA	NA	NA
rho	-0.343	NA	NA	NA

선택모형에서는 교육(educ)이 유의한 변수로 나타났다. 즉 교육년수가 클수록 고용자가 될 확률이 큼을 의미한다. 출현모형에서는 "inverse Mill's ratio"의 계수가 -1.098로 나타났다 (이 값은 σ_ϵ의 추정값 3.2와 ρ의 추정치 -0.343의 곱이다).

같은 자료에 대한 헤크만 모형을 "ml" (최대가능도) 방법으로 추정해보자.

```
greeneML <- selection(lfp ~ age + I(age^2) + faminc + kids + educ,
    wage ~ exper + I(exper^2) + educ + city, data = Mroz87, method = "ml")
summary(greeneML)
```

출력은 다음과 같다.

```
Tobit 2 model (sample selection model)
Maximum Likelihood estimation
Newton-Raphson maximisation, 6 iterations
Return code 1: gradient close to zero
Log-Likelihood: -1581.258
753 observations (325 censored and 428 observed)
13 free parameters (df = 740)
Probit selection equation:
```

	Estimate	Std. error	t value	Pr(> t)	
(Intercept)	-4.120e+00	1.401e+00	-2.942	0.003266	**
age	1.840e-01	6.587e-02	2.794	0.005210	**
I(age^2)	-2.409e-03	7.723e-04	-3.119	0.001815	**
faminc	5.680e-06	4.416e-06	1.286	0.198380	
kidsTRUE	-4.506e-01	1.302e-01	-3.461	0.000538	***
educ	9.528e-02	2.315e-02	4.115	3.87e-05	***

Outcome equation:

```
             Estimate Std. error t value  Pr(> t)
(Intercept) -1.9630243  1.1982209  -1.638    0.101
exper        0.0278683  0.0615514   0.453    0.651
I(exper^2)  -0.0001039  0.0018388  -0.056    0.955
educ         0.4570051  0.0732299   6.241 4.36e-10 ***
city         0.4465290  0.3159209   1.413    0.158

Error terms:
      Estimate Std. error t value Pr(> t)
sigma   3.1084     0.1138  27.307  <2e-16 ***
rho    -0.1320     0.1651  -0.799   0.424
```

"ml" 출력에서는 "inverse Mill's ratio"의 계수가 나타나지 않으므로 sigma 값
과 rho 값을 곱해서 그 계수를 가늠해볼 필요가 있다. 즉, 계수는

$$3.1084 * (-0.1320) = -0.4103$$

이다. 이 값은 "2step" 결과와 차이가 있지만 부호는 같다.

* 이 절의 실습파일: <u>Mroz 87 tobit-2.r</u>

2. 헤크만 토빗-2 모형의 확장

헤크만의 토빗-2 모형은 비선택 집단 개체들의 출현변수가 중도절단(censor, 중
절)되는 상황에 적용된다. 비선택 집단 개체들에 대하여는 선택 집단 개체들과는
다른 종류의 출현변수가 관측되는 경우, 토빗-2 모형은 다음으로 확장된다.

☐ 헤크만의 토빗-5 모형 (Heckman's tobit-5 model):

　　　응답자 $i (= 1, \cdots, n)$에 대하여

　　　　선택 모형 (for selection):　　$y_i^{S*} = \underline{\beta}^{S\prime} x_i^S + \epsilon_i^S,$

　　　　출현 모형 (for outcome): 1) $y_i^{O_1^*} = \underline{\beta}^{O_1\prime} x_i^{O_1} + \epsilon_i^{O_1},$

　　　　　　　　　　　　　　2) $y_i^{O_2^*} = \underline{\beta}^{O_2\prime} x_i^{O_2} + \epsilon_i^{O_2}.$

- 여기서 y_i^{S*}와 $y_i^{O_1^*}$, $y_i^{O_2^*}$ 는 각각 선택과 출현에서의 잠재변수 값이고 오차항들 ϵ_i^S와 $\epsilon_i^{O_1}$, $\epsilon_i^{O_2}$에 대하여는 다음의 3-변량 정규분포를 가정한다.

$$\begin{pmatrix} \epsilon_i^S \\ \epsilon_i^{O_1} \\ \epsilon_i^{O_2} \end{pmatrix} = N\left(\begin{pmatrix} 0 \\ 0 \\ 0 \end{pmatrix}, \begin{pmatrix} 1 & \rho_1 \sigma_1 & \rho_2 \sigma_2 \\ \rho_1 \sigma_1 & \sigma_1^2 & \rho_{12} \sigma_1 \sigma_2 \\ \rho_2 \sigma_2 & \rho_{12} \sigma_1 \sigma_2 & \sigma_2^2 \end{pmatrix} \right).$$

- 관측되는 선택 집단은

$$y_i^S = \begin{cases} 1, & if \ y_i^{S*} < 0 \\ 2, & otherwise \end{cases}$$

로 정해지고, 출현 변수는 선택 집단에 따라 종류가 달라진다.

$$y_i^O = \begin{cases} y_i^{O_1^*}, & if \ y_i^S = 1 \\ y_i^{O_2^*}, & if \ y_i^S = 2 \end{cases}.$$

- 선택 집단에 따라 조건화하면 출현변수가 다음과 같이 표현된다.

$$y_i^O = \begin{cases} \underline{\beta}^{O_1 \prime} x_i^{O_1} - \rho_1 \sigma_1 \lambda\left(-\underline{\beta}^{S \prime} x_i^S\right) + \eta_i^{(1)}, & if \ y_i^S = 1, \\ \underline{\beta}^{O_2 \prime} x_i^{O_2} + \rho_2 \sigma_2 \lambda\left(\underline{\beta}^{S \prime} x_i^S\right) + \eta_i^{(2)}, & if \ y_i^S = 2. \end{cases}$$

여기서 $\eta_i^{(1)}$, $\eta_i^{(2)}$는 오차항이고 $\lambda(.)$는 "inverse Mill's ratio"이다.

즉, 집단 1에서와 집단 2에서 다른 종류의 출현 변수가 발생하는 상황이 상정된다. 예컨대 K 대학 대학생들이 겨울 방학 중 일부는 자율학습을 선택하고 일부는 기업체 인턴을 선택한다고 하자. 이런 경우에는 성과지표(=출현변수)가 선택집단에 따라 달라진다.

예 2. 몬테칼로 모의자료 (매뉴얼)

```
library(sampleSelection)
N <- 500
library(mvtnorm)
vc <- diag(3)
vc[lower.tri(vc)] <- c(0.9, 0.5, 0.6)
vc[upper.tri(vc)] <- vc[lower.tri(vc)]
```

```
eps <- rmvnorm(N, rep(0, 3), vc)
xs <- runif(N)
ys <- xs + eps[,1] > 0
xo1 <- runif(N)
yo1 <- xo1 + eps[,2]
xo2 <- runif(N)
yo2 <- xo2 + eps[,3]
model <- selection(ys~xs, list(yo1 ~ xo1, yo2 ~ xo2), method="2step")
summary(model)
```

* 실습파일: <u>Tobit-5 example.r</u>

출력은 다음과 같다.

```
Tobit 5 model (switching regression model)
2-step Heckman / heckit estimation
500 observations: 151 selection 1 (FALSE) and 349 selection 2 (TRUE)
12 free parameters (df = 490)


Probit selection equation:
            Estimate Std. Error t value Pr(>|t|)
(Intercept)   0.1289     0.1145   1.126 0.260709
xs            0.8407     0.2153   3.905 0.000107 ***

Outcome equation 1:
            Estimate Std. Error t value Pr(>|t|)
(Intercept)  -0.2278        NA      NA      NA
xo1           0.8848        NA      NA      NA
Multiple R-Squared:0.1401,     Adjusted R-Squared:0.1285

Outcome equation 2:
            Estimate Std. Error t value Pr(>|t|)
(Intercept)  0.01313        NA      NA      NA
xo2          1.00197        NA      NA      NA
Multiple R-Squared:0.0879,     Adjusted R-Squared:0.0827
```

```
Error terms:
                  Estimate Std. Error t value Pr(>|t|)
invMillsRatio1    -0.6363       NA       NA       NA
invMillsRatio2     0.5674       NA       NA       NA
sigma1             0.7799       NA       NA       NA
sigma2             1.0053       NA       NA       NA
rho1               0.8160       NA       NA       NA
rho2               0.5644       NA       NA       NA
```

* 앞의 모의자료에서는 xo1, yo1, xo2, yo2의 모든 값들이 채워져 있지만, 실제 상황이라면 ys가 FALSE인 경우 xo1과 yo1의 값들이 있고 ys가 TRUE인 경우 xo2와 yo2의 값들이 있게 된다. 따라서 다음과 같이 xo1, yo1, xo2, yo2가 재정의되어도 헤크만 분석 결과는 같다.

```
yo1[ys] <- NA;  yo2[!ys] <- NA;  xo1[ys] <- NA;  xo2[!ys] <- NA
```

3. 정리

정리하자면, 헤크만 토빗-2 모형은 다음과 같은 상황에 적용되어 선택 모형과 출현 모형을 산출해낸다.

```
        ┌    표본 1 (선택집단)  ------->    출현결과 관측
     ┌        : 선택연관 공변량           : 출현연관 공변량
전체표본
     └       표본 0 (비선택 집단) ----->   출현결과 비관측
        └    : 선택연관 공변량
```

헤크만 토빗-5 모형은 앞의 상황에서 표본 별로 출현 변수가 다르게 정의되는 상황에서 활용된다. 단, 표본 0(비선택 집단)에서도 출현연관 공변량이 있어야 한다.

참고자료

Heckman, J.J. (1979). "Sample Selection Bias as a Specification Error."
    Econometrica, 47(1), 153-161.

Toomet, O., and Henningsen, A. (2008). "Sample Selection Models in R:
    Package sampleSelection". Journal of Statistical Software, Vol. 27,
    Issue 7.

부록. SPSS의 활용

데이터 파일 열기: Mroz87.sav (753개 줄, 26개 변수)

	lfp	hours	kids5	kids618	age	educ	wage
1	1	1610	1	0	32	12	3.3540
2	1	1656	0	2	30	12	1.3889
3	1	1980	1	3	35	12	4.5455
4	1	456	0	3	34	12	1.0965
5	1	1568	1	2	31	14	4.5918
6	1	2032	0	0	54	12	4.7421
7	1	1440	0	2	37	16	8.3333
8	1	1020	0	0	54	12	7.8431
9	1	1458	0	2	48	12	2.1262
10	1	1600	0	2	39	12	4.6875
11	1	1969	0	1	33	12	4.0630
12	1	1960	0	1	42	11	4.5918

Analyze ▶ Regression ▶ Heckman Regression

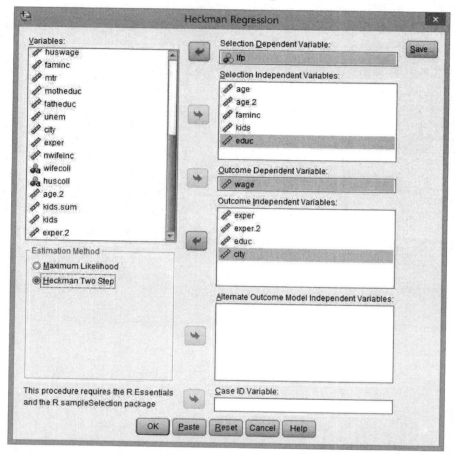

- 추정 방법으로 최대가능도(Maximum Likelihood)와 Heckman 2단계 (Heckman Two Step) 중 선택할 수 있다.

- Selection Dependent Variable: 선택 모형의 종속 변수로 선택 집단과 비선 택 집단을 나타내는 변수를 입력한다.(이 변수는 이분형이어야 하고, 작은 값이 비선택 집단으로 정의됨)

- Selection Independent Variable: 선택 모형의 선택연관 공변량을 입력한다.

- Outcome Dependent Variable: 출현 모형의 출현 변수를 입력한다.

- Outcome Independent Variable: 출현 모형의 출현연관 공변량을 입력한다.

- Alternate Outcome Model Independent Variable: 비선택 집단에서 출현 변 수가 관측되는 경우, 비선택 집단의 출현연관 공변량을 입력한다. (Tobit-5

Model)

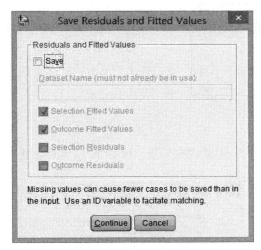

- 선택 모형 및 출현 모형의 적합값과 잔차를 새로운 데이터 셋으로 저장할 수 있다.

출력:

Probit Selection Estimates

	Estimate	Std. Error	t Value	Sig.
(Intercept)	-4.157	1.402	-2.965	.003
age	.185	.066	2.810	.005
age.2	-.002	.001	-3.136	.002
faminc	.000	.000	1.089	.277
kids	-.449	.131	-3.430	.001
educ	.098	.023	4.272	.000

Selection Variable: lfp

- 선택 모형 추정 결과이다. (프로빗 모형)

Outcome Estimates

	Estimate	Std. Error	t Value	Sig.
(Intercept)	-.971	2.059	-.472	.637
exper	.021	.062	.337	.736
exper.2	.000	.002	.073	.942
educ	.417	.100	4.160	.000
city	.444	.316	1.405	.160
invMillsRatio	-1.098	1.266	-.867	.386

Outcome Variable: wage, Sigma: 3.2001, Rho: -0.3430

- 출현 모형 추정 결과이다.

- inverse Mill's ratio가 편향수정항으로 모형에 포함되며, 계수가 -1.098로 나타났다.

4장. 회귀 불연속 regression discontinuity

·

일반적으로 회귀모형은 연속적인 형태로 상정된다. 입력변수의 작은 변화는 출력변수에 작은 변화를 미칠 것으로 보는 것이다. 그러나 특수 상황에서는 입력변수의 작은 변화가 출력변수에 도약적 변화(jump)를 초래할 수 있다. 이 장에서 고려할 "회귀 불연속"은 입력변수의 작은 변화가 출력변수에 미치는 불연속적 효과를 추정하는 모형이다. R의 rdd 팩키지를 활용할 것이다.

1. 배경

장학금이 성적 향상에 어떤 효과가 있는지를 보는 연구를 생각하자. 다음과 같이 변수를 정의하고 자료 수집이 되었음을 전제한다.

$$Y = \text{해당 학기의 성적}, \qquad X = \text{선발기준 점수}$$
$$D = \text{장학금 수혜 (0,1)}.$$

Y에 대한 선형회귀 모형으로 자연스럽게

$$Y = \beta_0 + \beta_1 X + \tau D + \epsilon, \quad \epsilon \sim N(0, \sigma)$$

를 생각할 수 있고 여기서 τ는 장학금 수혜의 효과를 나타낸다. 장학금 수혜가 선발기준 점수에 의해 결정되는 경우, 즉 $D = I[X \geq c]$인 경우에는 어떨까? 여기서 c는 "cut point"이고 그림 1이 이런 상황을 나타낸다 ($c = 80$).

그림 1의 사례에서 적합선은 최소제곱법으로 얻어진 것인데 $c(= 80)$를 경계로 단층이 있는 것을 볼 수 있다. 단층이 생긴 곳에서 적합선의 수직적 차이가 바로 장학금 수혜의 효과 τ에 대한 추정치이다.

이 장의 주요 관심은, 선형회귀보다 일반적인 통계적 모형을 상정하여, 회귀 적합선의 불연속 크기 "jump"에 대한 적응적 · 효율적 추정 문제이다.

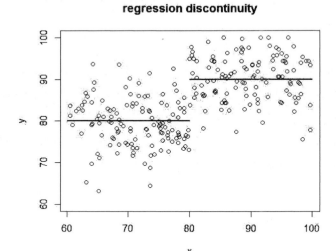

그림 1. 선형회귀 모형에 의한 불연속 크기 추정

2. 회귀 불연속 크기의 추정

앞 절에서와 같이 출력변수를 Y로, 입력변수를 X로 표기하고, D를 $I[X \geq c]$로 정의하자 ($D = 0, 1$). 회귀 불연속 모형은

$$Y = g(X) + \tau D + \epsilon, \quad \epsilon \sim N(0, \sigma)$$

이다. 여기서 $g(x)$는 x의 매끄러운 함수 (연속이며 미분가능한 함수)이다. 목표는 회귀 불연속 크기 τ를 적응적·효율적으로 추정하는 것이다.

한 방법은 함수 $g(x)$를 이차 다항식으로 놓고 $x = c$ 근처의 개체들에 큰 가중치를, $x = c$에서 멀리 떨어진 개체들에는 작은 가중치를 부여하여 가중최소제곱법으로 τ를 추정해내는 것이다. 즉,

$$\min_{\beta_0, \beta_1, \beta_2, \tau} \sum_{i=1}^{n} w_i (y_i - \beta_0 - \beta_1 x_i - \beta_2 x_i^2 - \tau d_i)^2$$

로써 $\hat{\tau}$을 산출할 수 있겠다. 여기서 $d_1, \cdots, d_n$은 D의 실현값이고 가중치 w_i는

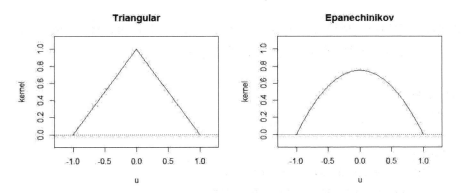

그림 2. 국소 가중치 산출을 위한 커널 함수: 삼각형 (좌), 에파네치니코프 (우)

$$w_i = K\!\left(\frac{x_i - c}{h}\right), \quad i = 1, \cdots, n,$$

로 산출된다. $K(u)$는 $u = 0$에서 단일 정점(頂點, peak point)을 갖는 커널 함수이고 $h > 0$는 띠 너비(bandwidth)이다.

커널 함수 $K(u)$의 종류에는 다음과 같은 것들이 있다. 그림 2 참조.

- 삼각형 (triangular): $K(u) = 1 - |u|, \quad -1 \leq u \leq 1.$

- 에파네치니코프 (Epanechnikov): $K(u) = \dfrac{3}{4}\,(1 - u^2), \quad -1 \leq u \leq 1.$

- 가우시안 (Gaussian): $K(u) = \exp(-u^2), \quad -\infty < u < \infty.$

- 그 밖에 quartic, triweight, tricube, cosine 등.

이와 같이 선형회귀식으로 이차 다항식을 쓰고 불연속점 $x = c$ 부근에서 가중치를 크게 함으로써, 선형식과 균등 가중치를 쓰는 경우보다는 적응성과 효율성이 좋은 불연속 크기 추정치가 만들어진다.

----

3. 사례

이 절에서는 간단한 모의생성 자료에 회귀 불연속 추정을 적용해보기로 한다. 자료는 다음과 같이 생성되었다. 그림 3을 참조하라.

```
library(rdd)
n <- 100
x <- runif(n,-1,1)
z <- rnorm(n)
y <- 3 + 2*x + 3*z + 5*(x>=0) + rnorm(n)
plot(y ~ x, main="regression discontinuity")
segments(-1,1,0,3, lty="dotted")
segments(0,8,1,10, lty="dotted")
```

자료는 $x < 0$ 인 영역에서는 $3 + 2x$ 를 중심으로 y 값이 흩어지고 $x > 0$ 인 영역에서는 $8 + 2x$ 를 중심으로 y 값이 흩어지는 양상이다. 따라서 "cut point" c 는 0이고 불연속 크기의 참값은 5이다. z 는 x 외의 입력변수(공변량)이다.

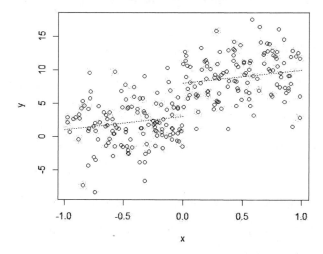

그림 3. $x = 0$ 에서 불연속인 모의생성 자료

회귀 불연속의 추정을 위해서 R 팩키지 rdd의 RDestimate( ) 함수를 써 보자.

```
RD.1 <- RDestimate(y ~ x, cutpoint = 0)
summary(RD.1)

Call: RDestimate(formula = y ~ x, cutpoint = 0)
Type: sharp
```

Estimates:

	Bandwidth	Observations	Estimate	Std. Error	z value	Pr(>│z│)
LATE	0.5529	151	6.110	0.9936	6.149	7.774e-10
Half-BW	0.2765	76	7.317	1.2259	5.969	2.386e-09
Double-BW	1.1059	250	5.902	0.7619	7.746	9.513e-15

F-statistics:

	F	Num. DoF	Denom. DoF	p
LATE	55.09	3	147	0.000e+00
Half-BW	29.98	3	72	2.186e-12
Double-BW	102.15	3	246	0.000e+00

위 출력에서 핵심 라인은 LATE (local average treatment effect)인데 띠 너비 (bandwidth) 0.5529에서 불연속 크기가 6.110으로 추정되었다 (이 사례에서 참 값은 5이다).

Half-BW는 띠 너비를 절반으로 줄인 경우이고 Double-BW는 띠 너비를 배로 늘린 경우이다. LATE, Half-BW, Double-BW의 결과가 유사하다면 LATE의 추정치가 안정 적인 것으로 볼 수 있다. 만약 상당히 다르다면 적정한 띠 너비의 선택이 필요하 다. F-statistics는 추정치의 유의성을 검정한다.

```
plot(RD.1)
```

그림 4가 회귀 불연속 모형의 적합 회귀선이다. 잘린 점에서 좌우 회귀선이 어긋 나는 정도가 불연속 크기의 추정값이다.

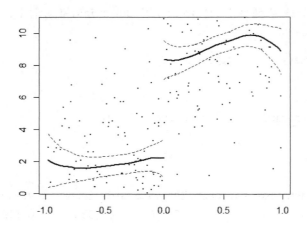

그림 4. 모의생성 자료에 대한 회귀 불연속 추정 (삼각형 커널)

앞 스크립트의 RDestimate( ) 함수에서 커널 함수를 특별히 지정하지 않았으므로 디폴트인 "triangular"가 쓰였다. 다음은 커널을 가우시안(Gaussian)으로 바꾼 결과이다.

```
RD.1a <- RDestimate(y ~ x, cutpoint = 0, kernel="gaussian")
summary(RD.1a)

Call: RDestimate(formula = y ~ x, cutpoint = 0, kernel = "gaussian")
Type: sharp
```

Estimates:

	Bandwidth	Observations	Estimate	Std. Error	z value	Pr(>|z|)
LATE	0.2025	250	6.111	0.9902	6.172	6.758e-10
Half-BW	0.1012	250	7.559	1.1954	6.323	2.563e-10
Double-BW	0.4049	250	5.816	0.7838	7.420	1.175e-13

그림 5가 plot(RD.1a)의 출력 그래프이다.

* 이 절의 실습파일: RDestimate_simulation_1.r

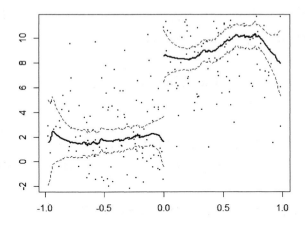

그림 5. 모의생성 자료에 대한 회귀 불연속 추정 (가우시안 커널)

4. 추가 변수의 고려

이제까지는 출력변수 y와 입력변수 x만을 고려하였으나 그 외 입력변수(공변량)
가 있는 경우는 그것을 RDestimate( )의 모형식에 넣음으로써 추정치의 정확도
를 개선할 수 있다. 다음을 보라 (3절 사례의 계속).

```
> RD.2 <- RDestimate(y ~ x | z, cutpoint = 0)
> summary(RD.2)

Call: RDestimate(formula = y ~ x | z, cutpoint = 0)
Type: sharp

Estimates:
          Bandwidth Observations Estimate Std. Error z value Pr(>|z|)
LATE      0.5529    151          4.844    0.3984     12.159  5.150e-34
Half-BW   0.2765    76           4.653    0.5282      8.809  1.268e-18
Double-BW 1.1059    250          5.187    0.3019     17.183  3.575e-66
```

출력변수 y와 입력변수 x 외의 제3 변수 z가 내생변수(endogenous variable)

인 경우를 퍼지 회귀 불연속(fuzzy regression discontinuity) 문제라고 한다. 이를 반영하기 위해서는 다음과 같이 RDestimate( ) 함수를 쓴다.

```
> RD.2a <- RDestimate(y ~ x + z, cutpoint = 0)
> summary(RD.2a)
```

회귀 불연속 추정에서 입력변수 x의 연속성이 전제 된다 (cut point에서). 이것을 검정하는 것이 McCrary scoring test이다. 다음과 같이 스크립트를 쓴다.

```
> DCdensity(x, cutpoint = 0, plot=TRUE, ext.out=T)
$theta
[1] -0.03203121
$se
[1] 0.3770611
$z
[1] -0.08494966
$p
[1] 0.9323014
$binsize
[1] 0.06811288
$bw
[1] 0.4430217
$cutpoint
[1] 0
```

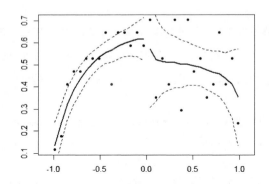

위 출력에서는 검정 통계량 z가 -0.084이고 p-값은 0.932로 나타나 연속성 가설이 기각되지 않는 것으로 나타났다.

* 이 절의 실습파일: <u>RDestimate simulation_1.r</u>

참고자료

Lee, D.S. and Lemieux, T. (2010). "Regression discontinuity designs in economics", Journal of Economic Literature, Vol. 48, 281-355.

부록. SPSS의 활용

데이터 파일 열기: LMB Data_1.sav (13,588개 줄, 6개 변수)

	year	vote	republic	office	demvoteshare	score
1	1948	.580	0	1	.55	64.34
2	1948	.580	0	1	.55	60.28
3	1950	.553	0	1	.58	57.06
4	1950	.553	0	1	.58	73.83
5	1954	.631	0	1	.57	42.96
6	1954	.631	0	1	.57	74.31
7	1956	.648	1	1	.46	48.83
8	1956	.648	1	1	.46	36.58
9	1958	.701	0	1	.54	73.04
10	1958	.701	0	1	.54	68.04
11	1960	.786	0	1	.58	67.33
12	1964	.724	0	1	.70	76.59

Analyze ▶ Regression ▶ Regression Discontinuity

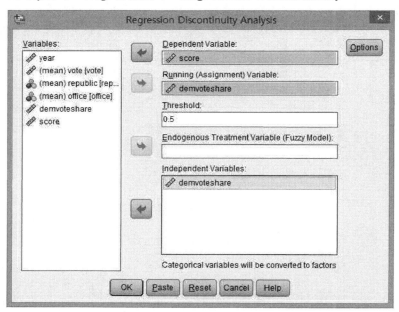

- Running(Assignment) Variable: 불연속적 효과를 발생시키는 변수를 입력한
  다.
- threshold: running variable에서 불연속적 효과가 나타나는 cut point를 입

력한다. 입력하지 않을 경우 0으로 간주된다.

- Endogenous Treatment Variable(Fuzzy Model): Running Variable의 영향을 받는 내생변수를 입력한다.
- Independent Variable: Running Variable를 포함하여, 그 외의 입력변수(공변량)를 입력한다.

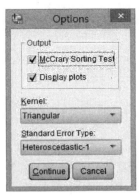

- McCrary Sorting test: Running Variable의 연속성을 cut point에서 검정하는 방법이다.
- Kernel: 모형 추정에서 개체에 가중치를 줄 때 사용되는 커널 함수를 지정한다. (bandwidth는 Imbens-Kalyanaraman 방법으로 자동 계산되며, syntax를 사용하여 지정할 수도 있다. Syntax Editor에서 'STATS RDD /HELP.'를 실행하여 설명 참고)

출력:

Coefficients

	Bandwidth	Number of Cases	Average Treatment Effect Estimate	Std. Error	Z Value	Sig.
LATE	.122	5611.000	47.087	1.197	39.343	.000
Half-BW	.061	2872.000	46.428	1.705	27.230	.000
Double-BW	.244	10016.000	47.616	.879	54.149	.000

F Statistics

	F	Numerator D. F.	Denom. D.F.	Sig.
LATE	2344.798	3.000	5607.000	.000
Half-BW	1237.318	3.000	2868.000	.000
Double-BW	3950.408	3.000	10012.000	.000

- LATE(local average treatment effect)를 보면, 띠 너비(bandwidth) 0.122에서 불연속 크기가 47.087로 추정되며, 추정치는 유의수준 0.05에서 유의하다.
- LATE, Half-BW, Double-BW의 결과가 유사하여 LATE의 추정치가 안정적이라고 할 수 있다.

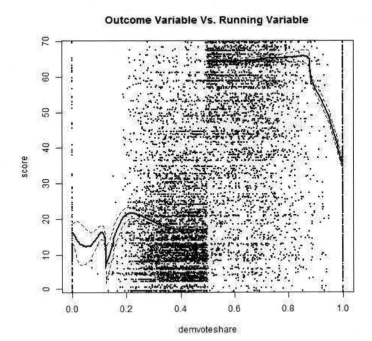

- Running Variable과 Dependent Variable의 산점도 위에 추정된 모형의 적합
회귀선을 나타낸 그래프이다.

McCrary Sorting Test

	Statistics
Estimated Log Difference at Threshold (0.5)	-0.03063
Std. Error	0.05725
Z Statistic	-0.53509
Sig.	0.59259
Bin Size	0.00394
Bandwidth	0.12091

Running Variable: demvoteshare

- cut point에서 Running Variable의 연속성을 검정한 결과로, 검정 통계량 z
가 -0.535이고 p-값은 0.592로 나타나 유의수준 0.05에서 연속성이 있다고 할
수 있다. 아래는 McCrary 검정의 출력 그래프이다.

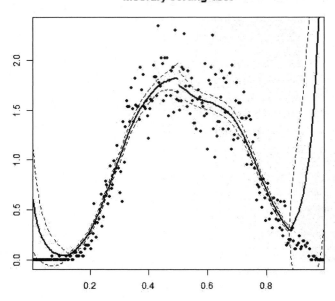

McCrary Sorting Test

Running Variable: demvoteshare

5장. 비율 회귀 regression model for proportions

변수 Y가 비율인 경우 ($0 < Y < 1$), 이에 대한 회귀모형으로 무엇이 좋을까?
변수 값 y가 0과 1 사이여야 한다는 당연한 조건이 선형회귀로는 만족되지 않을
수 있다. 또한, 개체별로 상이한 산포를 갖는 경우이므로 선형회귀로 대처하기 어
렵다. 이 장에서는 비율 Y에 대한 회귀모형으로 베타 회귀(beta regression)를
소개하고 설명한다. R의 betareg 팩키지를 활용할 것이다.

1. 베타 회귀 방법론

0과 1 사이의 변수 Y에 대한 확률분포로는 베타분포가 안성맞춤이다.

☐ 베타분포 beta (α, β)의 정의:

$$f(y; \alpha, \beta) = \frac{\Gamma(\alpha + \beta)}{\Gamma(\alpha)\Gamma(\beta)}\, y^\alpha (1-y)^{\beta-1}, \quad 0 < y < 1;\ \alpha, \beta > 0.$$

- 베타분포 beta (α, β)의 기댓값과 분산은 다음과 같다.

$$E[Y; \alpha, \beta] = \frac{\alpha}{\alpha+\beta}, \quad Var[Y; \alpha, \beta] = \frac{\alpha\beta}{(\alpha+\beta)^2 (\alpha+\beta+1)}.$$

- α와 β를 다음과 같이 재모수화(re-parameterization)를 해보자.

$$\mu = \frac{\alpha}{\alpha+\beta}, \quad \phi = \alpha + \beta.$$

이렇게 하면 베타분포 beta (α, β)의 기댓값과 분산이 다음과 같아진다.

$$E[Y; \mu, \phi] = \mu, \quad Var[Y; \mu, \phi] = \frac{\mu(1-\mu)}{1+\phi} \ (= \sigma^2).$$

Y의 분산 σ^2은 기댓값 μ에 따라 달라진다. μ가 0 또는 1에 가까우면
σ^2이 작고 $\mu = 0.5$일 때 σ^2이 가장 크다.

- ϕ를 정밀도 파라미터라고 한다.

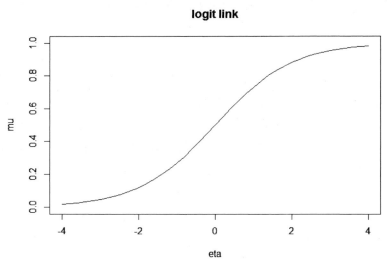

그림 1. 로짓 연결함수

- Y를 p-변량의 x로 설명하는 회귀모형은

$$y_i \;\sim\; \text{beta}\,(\mu_i, \phi)\,, \quad g\,(\mu_i) = \beta_0 + x_i^t \underline{\beta}\;(= \eta_i)\,, \quad i = 1, \cdots, n$$

이다. 여기서 $g\,(\mu)$는 연결함수(link function)인데 대표적인 연결함수는

로짓(logit): $\log_e \{\mu/(1-\mu)\}$, 프로빗(probit): $\Phi^{-1}\,(\mu)$

이다. 로짓 연결함수의 경우

$$\eta_i = \log_e \{\mu_i/(1-\mu_i)\} = \beta_0 + x_i^t\,\underline{\beta}\;(= \beta_0 + x_{i1}^t \beta_1 + \cdots + x_{ip}^t \beta_p)$$

이므로 y_i의 조건부 기댓값 μ_i는 다음과 같다.

$$\mu_i = \frac{e^{\eta_i}}{1 + e^{\eta_i}} = \frac{\exp\left\{\beta_0 + x_{i1}^t \beta_1 + \cdots + x_{ip}^t \beta_p\right\}}{1 + \exp\left\{\beta_0 + x_{i1}^t \beta_1 + \cdots + x_{ip}^t \beta_p\right\}}.$$

그림 1이 선형예측값 η와 기댓값 μ의 관계를 보여준다 (로짓). η가 ∞에 접근하더라도 μ는 $+1$에 가깝게 가지만 그 이상은 넘지 않는다.

- 로짓과 프로빗 외 유용한 연결함수로는 다음과 같은 것들이 있다.

complementary log-log $g(\mu) = \log\{-\log(1-\mu)\}$,

log-log $g(\mu) = -\log\{-\log\mu\}$,

Cauchy $g(\mu) = \tan\{\pi(\mu - 0.5)\}$.

- 외견상으로 보면, 베타 회귀는 일반화 선형모형(generalized linear model)과 별 차이가 없다. 그러나 후자가 지수족(exponential family)의 확률분포 위에 세워지는 반면 전자는 非지수족인 베타분포 위에 구축되므로 계산 측면에서는 상당히 다르다.

2. 사례: Gasoline Yield

R betareg 팩키지의 `GasolineYield` 자료는 32개 관측, 6개 변수로 구성되어 있다. 목표변수는 원유 중 가솔린 전환비율인 `yield` $(= Y)$이다. 그림 2를 보라. 고려할 설명변수는 `batch`(10개 수준의 처리조건)와 `temp`(온도)이다.

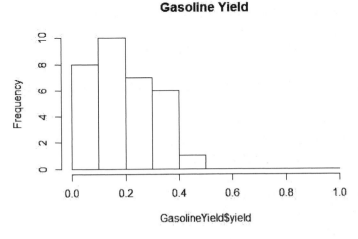

그림 2. 목표변수 Y(=yield)의 히스토그램

다음과 같이 betareg 팩키지의 betareg( ) 함수를 써서 비율 회귀를 할 수 있다.

```
> library(betareg)
> gy <- betareg(yield ~ batch + temp, data = GasolineYield)
```

이에 대한 출력을 보자. 아래에서 batch 수준 10이 참조범주라서 계수가 0이다.

```
> summary(gy)

Call: betareg(formula = yield ~ batch + temp, data = GasolineYield)
Coefficients (mean model with logit link):
              Estimate Std. Error z value Pr(>|z|)
(Intercept) -6.1595710  0.1823247 -33.784  < 2e-16 ***
batch1       1.7277289  0.1012294  17.067  < 2e-16 ***
batch2       1.3225969  0.1179020  11.218  < 2e-16 ***
batch3       1.5723099  0.1161045  13.542  < 2e-16 ***
batch4       1.0597141  0.1023598  10.353  < 2e-16 ***
batch5       1.1337518  0.1035232  10.952  < 2e-16 ***
batch6       1.0401618  0.1060365   9.809  < 2e-16 ***
batch7       0.5436922  0.1091275   4.982 6.29e-07 ***
batch8       0.4959007  0.1089257   4.553 5.30e-06 ***
batch9       0.3857930  0.1185933   3.253  0.00114 **
temp         0.0109669  0.0004126  26.577  < 2e-16 ***

Phi coefficients (precision model with identity link):
      Estimate Std. Error z value Pr(>|z|)
(phi)    440.3      110.0   4.002 6.29e-05 ***
---
Signif. codes:  0 '***' 0.001 '**' 0.01 '*' 0.05 '.' 0.1 ' ' 1

Standardized weighted residuals 2:
    Min      1Q  Median      3Q     Max
-2.8750 -0.8149  0.1601  0.8384  2.0483

Type of estimator: ML (maximum likelihood)
Log-likelihood:  84.8 on 12 Df
Pseudo R-squared: 0.9617
Number of iterations: 51 (BFGS) + 3 (Fisher scoring)
```

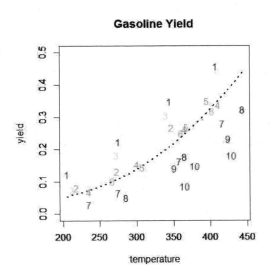

그림 3. temperature 대 yield (숫자는 batch 번호)

앞의 출력에서 `temp`(온도)의 영향력이 상당히 유의하게 나타났다. 다음은 `temp`
와 `yield` 간 관계를 보기 위한 R 스크립트이다.

```
attach(GasolineYield)
plot(yield ~ temp, pch=20, type="n", main="Gasoline Yield", ylim=c(0,0.5),
     xlab="temperature", ylab="yield")
text(temp, yield, batch, col=rainbow(10)[batch])
eta <- gy$coef$mean[1]+gy$coef$mean[7]+gy$coef$mean[11]*temp
fit.line <- exp(eta)/(1+exp(eta))
order <- order(temp)
par(new=T)
plot(fit.line[order] ~ temp[order], type="l", ylim=c(0,0.5), xlab="",
     ylab="", lty="dotted", lwd=2)
```

그림 3에서 비선형적 적합선을 볼 수 있다.

연결함수로 가장 많이 쓰이는 것은 로짓(logit)이다. 그러나 실제로 로짓보다 데이터 적합도가 더 좋은 연결함수가 있을 수 있다. 2개의 연결함수는 AIC 정보량 기준으로 비교된다.

```
> gy <- betareg(yield ~ batch + temp, data = GasolineYield)
> AIC(gy)
 [1] -145.5951
> gy.1 <- betareg(yield ~ batch + temp, data = GasolineYield,
                    link="loglog")
> AIC(gy.1)
 [1] -168.3101
```

위 출력에 의하면 GasolineYield 자료에 대해 "logit" 연결의 비율회귀 모형을 적용하는 경우 AIC 값은 -145.6이다. 그런데 "log-log" 연결의 비율회귀 모형은 AIC 값이 -168.3으로 더 낮다. AIC 정보량 기준은 낮을수록 좋은 모형임을 의미하므로 "logit" 보다는 "log-log"이 낫다고 볼 수 있다.

* 이 절의 실습파일: betareg gasoline yield.r

3. betareg( ) 함수의 용법

betareg( ) 함수의 용법 가운데 다음 두 가지는 특별히 언급할 만하다.

- 산포에 관한 모형식의 추가. 비율 Y에 대하여 평균과 분산은

$$E[Y; \mu, \phi] = \mu, \ \ Var[Y; \mu, \phi] = \frac{\mu(1-\mu)}{1+\phi}$$

인데, 앞에서는 μ에 대하여만 모형 식을 상정하였다. 즉, 정밀도 파라미터 ϕ를 이제까지는 상수로 취급한 것이다. 대안으로서, 이것을

$$h(\phi_i) = \gamma_0 + z_i^t \gamma \ (= \gamma_0 + z_{i1}^t \gamma_1 + \cdots + z_{iq}^t \gamma_p)$$

로 모형에 포함시킬 수 있다. 정밀도 연결함수 $h(\phi)$의 대표적인 것은 로그(log)이다 (대안은 제곱근 sqrt이다).

다음은 이것이 쓰인 R 스크립트이다.

```
betareg(yield ~ batch + temp | batch, data = GasolineYield)
```

수직선 '|' 다음이 정밀도 ϕ에 대한 모형 식이다. 앞의 스크립트에서는 그것이 batch 별로 다를 수 있도록 상정되었다.

- 개체별 가중치의 지정. 개체 별 가중치 w_i $(i = 1, \cdots, n)$가 있는 경우 그것을 weights로 지정할 수 있다.

참고자료

Cribari-Neto, F. and Zeileis, A. (2010). "Beta regression in R", Journal of Statistical Software, Vol. 34.

부록. SPSS의 활용

데이터 파일 열기: GasolineYield.sav (32개 줄, 6개 변수)

	yield	gravity	pressure	temp10	temp	batch
1	.122	50.8	8.6	190	205	1
2	.223	50.8	8.6	190	275	1
3	.347	50.8	8.6	190	345	1
4	.457	50.8	8.6	190	407	1
5	.080	40.8	3.5	210	218	2
6	.131	40.8	3.5	210	273	2
7	.266	40.8	3.5	210	347	2
8	.074	40.0	6.1	217	212	3
9	.182	40.0	6.1	217	272	3
10	.304	40.0	6.1	217	340	3
11	.069	38.4	6.1	220	235	4
12	.152	38.4	6.1	220	300	4

Analyze ▶ Generalized Linear Models ▶ Proportional Regression

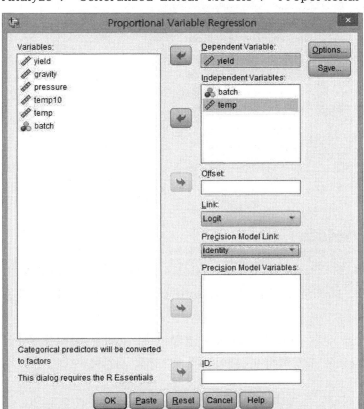

- Link는 Logit이 기본으로 설정되어 있으며 연결함수로 가장 많이 쓰인다. 다른
  종류로 Probit, Cloglog, Cauchit, Log, Loglog가 포함되어 있다.
- Precision Model Link는 정밀도 연결함수로 Log가 기본옵션이며, Sqrt,
  Identity가 포함되어 있다.
- 정밀도 파라미터로 Precision Model variables에 변수를 추가할 수 있다.

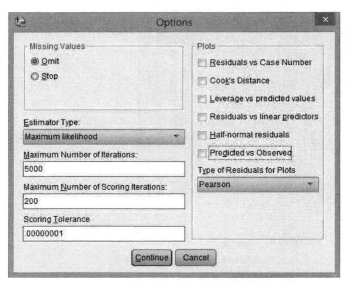

- Estimator Type으로 Maximum likelihood(ML), Maximum likelihood with bias correction(BC), Maximum likelihood with bias reduction(BR)을 제공한다.
- Plots 영역에서 출력할 진단 도표와 도표에 사용할 잔차 유형을 선택할 수 있다. Sweighted2의 사용을 권장하지만, 데이터가 클 경우 시간이 오래 걸릴 수 있다.

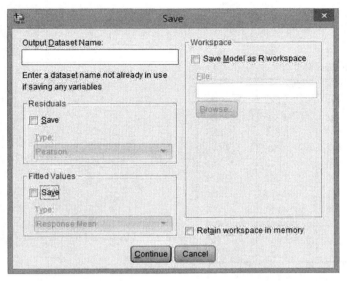

- 잔차와 예측값을 저장하기 위해 새로운 데이터 셋 이름을 지정한다.
- 추정된 모형을 이후에 새로운 데이터의 예측값을 계산하기 위해 저장할 수 있다. 여기서 모형을 저장하고 나서 Analyze ▶ Generalized Linear Models ▶ Proportional Regression Prediction에서 예측을 한다.

출력:

Mean Coefficients

	Coefficient	Std. Error	Z Value	Sig.
(Intercept)	-4.432	.149	-29.834	.000
batch2	-.405	.096	-4.228	.000
batch3	-.155	.093	-1.675	.094
batch4	-.668	.083	-8.025	.000
batch5	-.594	.086	-6.918	.000
batch6	-.688	.089	-7.757	.000
batch7	-1.184	.092	-12.873	.000
batch8	-1.232	.096	-12.883	.000
batch9	-1.342	.107	-12.552	.000
batch10	-1.728	.101	-17.067	.000
temp	.011	.000	26.577	.000

Precision Coefficients

	Coefficient	Std. Error	Z Value	Sig.
(phi)	440.278	110.026	4.002	.000

- 모형 적합 결과이며, batch 수준 1이 참조범주라서 계수가 0이다.

Analyze ▶ Generalized Linear Models
　　　　　▶ Proportional Regression Prediction

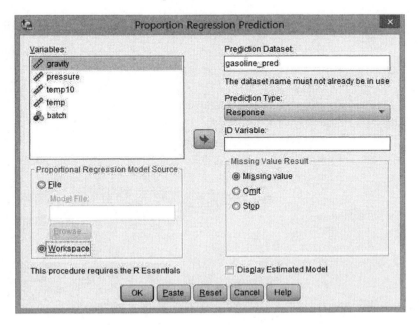

- 새로운 데이터에 대한 예측값을 계산하기 위해 활용한다.
- Proportional Regression에서 저장된 파일(GasolinYield_prediction.Rdata)
  을 선택하거나 Workspace를 선택하여 현재 세션에서 가장 최근에 추정한
  모형을 사용할 수 있다. 이때 추정 단계에서 Retain workspace in
  memory 옵션을 반드시 선택하여야 한다.

출력:

	ID	PredictedValues	var	var	var
1	1	.4942			
2	2	.1088			
3	3	.2362			
4	4	.4609			
5	5	.1662			
6	6	.1058			

- ID와 예측값이 저장된 데이터 세트가 생성된다.

6장. 영 확대 계수 모형 zero-inflated count model

이 장은 특정 사건이 발생한 횟수, 즉 계수(計數, count)형 변수에 대한 회귀모형을 다룬다. 통상적으로 계수형 변수에 대하여는 포아송 모형 또는 음(陰)이항 분포를 상정하지만, 여러 사례들에서 0의 빈도가 모형 하에서 기대되는 것보다 훨씬 큰 현상이 관측된다. 그 이유는 사건발생의 개연성이 아주 낮은 부집단이 일정 비율로 모집단 내에서 자리 잡고 있기 때문일 수 있다. 이유와 어떻든 0의 빈도가 통상적인 계수모형에서의 기댓값보다 클 수 있음이 고려된 통계적 모형이 필요하다. 그런 모형이 영 확대 계수 모형(zero-inflated count model)이다.

1. 계수 모형 (count model)

특정 사건이 발생한 횟수를 센 계수(計數, count)형 변수에 대한 기본 모형은 포아송 분포와 음이항 분포이다.

- **포아송 분포 (Poisson distribution)**

  - 확률: $$f(y;\theta) = e^{-\theta}\frac{\theta^y}{y!}, \ y = 0, 1, 2, \cdots$$

  - 기댓값과 분산: $$E[Y;\theta] = \theta, \ Var[Y;\theta] = \theta$$

- **음이항 분포 (negative binomial distribution)**

  - 확률: $$f(y;k,p) = {}_{y+k-1}C_{k-1}(1-p)^k p^y, \ y = 0, 1, 2, \cdots$$

  - 기댓값과 분산: $$E[Y;k,p] = \frac{1-p}{p}k, \ Var[Y;k,p] = \frac{1-p}{p^2}k,$$

    여기서 k는 사전 지정된 "실패"의 횟수이고 p는 "성공"의 확률이다.

  - 재모수화 (reparameterization): p와 k를 $\theta = \frac{1-p}{p}k$와 $\phi = k$로 바꾼다. 그러면 기댓값과 분산이 다음과 같이 표현된다.

$$E[Y;\theta,\phi] = \theta, \ \ Var[Y;\theta,\phi] = \theta + \frac{\theta^2}{\phi} > \theta.$$

■ 연결함수의 정준형은 포아송 분포의 경우 로그(logarithm)이고 음이항분포의 경우도 로그이다 (k, 즉 ϕ를 고정하는 경우).

이상을 기초로 $Y = 0$의 확률이 확대된 다음 모형들을 생각할 수 있다.

■ **허들 모형** (hurdle models)

허들 모형은 2개의 단계로 구성된다.

    단계 1. $Y = 0$, $\geqq 1$에 대하여 베르누이 분포 Bernoulli (α)를 가정한다.

    단계 2. $Y \geqq 1$에 대하여 $y = 0$이 절단된 포아송 분포 Poisson (θ)를
            적용한다. 포아송 분포 대신 음이항 분포를 상정할 수 있다.

이에 따라 $Y = y$에 대한 확률이

$$f(y;\alpha,\theta) = \begin{cases} \alpha, & y = 0 \\ (1-\alpha)\dfrac{f_2(y;\theta)}{1-f_2(0;\theta)}, & y = 1, 2, \cdots \end{cases}$$

로 표현된다. $f_2(y;\theta)\,/\,(1-f_2(0;\theta))$, $y = 1, 2, \cdots$ 은 포아송 분포가 $y = 1$에서 절단된 형태이다 ($y = 0$은 관측되지 않는다).

■ **0-확대 모형** (zero-inflated models)

0-확대 모형은 다음 두 모형의 혼합(mixture)이다.

    단계 1. $M = 1$, 0에 대하여 베르누이 분포 Bernoulli (π)를 가정한다.
            $M = 0$이면 $Y = 0$이다. $M = 1$이면 단계 2로 간다.

    단계 2. 포아송 분포 Poisson (θ)에서 Y가 생성된다. 포아송 분포 대신
            음이항 분포를 상정할 수 있다.

이에 따라 $Y = y$의 확률은 다음과 같아진다.

$$f(y;\pi,\theta) = (1-\pi) \cdot I[y=0] + \pi \cdot f_{count}(y;\theta), \ y = 0,1,2,\cdots$$

■ 공변량 $x_1, \cdots, x_p$가 포함된 계수 모형(count model): θ는 $x_1, \cdots, x_p$의 함수로서

$$\log_e \theta = \beta_0 + \beta_1 x_1 + \cdots + \beta_p x_p.$$

허들 모형과 0-확대 모형에서는, 각각 α와 π에 대하여

$$\log_e \frac{\alpha}{1-\alpha} = \log_e \frac{\pi}{1-\pi} = \gamma_0 + \gamma_1 z_1 + \cdots + \gamma_p z_q,$$

여기서 $z_1, \cdots, z_q$도 공변량이다 ($x_1, \cdots, x_p$과 중복될 수 있다).

■ R에서 계수 모형으로는 다음과 같은 것들이 있다.

- glm {stats}:   포아송 모형
- glm.nb {MASS}:   음이항 모형
- hurdle {pscl}:   허들 포아송 모형, 허들 음이항 모형[1]
- zeroinfl {pscl}:   0-확대 포아송 모형, 0-확대 음이항 모형

2. 적용 사례: 노인 의료 서비스 (medical care of the elderly)

여기서 분석할 NMES1988 {AER} 자료는 1987-88년에 시행된 미국 전국의료비지출조사(US National Medical Expenditure Survey, NMES)에서 나온 것이다. 66세 이상 응답자로 국한된 부표본으로 다음 변수들이 포함되어 있다.

    visits = 병원 방문횟수, 종속변수
    hospital = 입원일 수
    health = 건강상태 ("poor", "average", "excellent")
    chronic = 만성 질환의 수
    gender = 남 · 여 ("female", "male")
    school = 교육년 수
    insurance = 사보험 유무 ("no", "yes")

그림 1이 종속변수인 visits (병원 방문횟수)의 분포를 보여준다. 여기서 시행할

---

1) 허들 모형에 대하여는 더 이상 다루지 않을 것이다. 0-확대 모형과 용법이 유사하다.

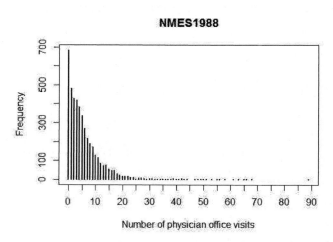

그림 1. 병원 방문회수 visits의 분포

분석은 visits가 hospital, health, chronic, gender, school, insurance 등 여러 공변량과 어떤 회귀적 관계에 있는가를 살펴보는 것이다.

■ **포아송 모형**

```
library(pscl)
library(MASS)
library(AER)
data(NMES1988)
str(NMES1988)
dt <- NMES1988[, c(1, 6:8, 13, 15, 18)]
str(dt)
fm_pois <- glm(visits ~ ., data = dt, family = poisson)
summary(fm_pois)
n <- nrow(dt)
```

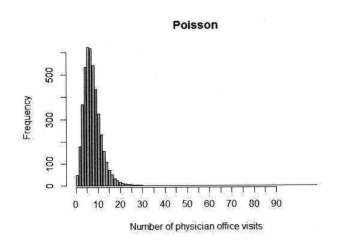

그림 2. 병원 방문회수 visits의 적합분포: 포아송 모형

적합 결과는 다음과 같다.

```
Coefficients:
                  Estimate Std. Error z value Pr(>|z|)
(Intercept)       1.028874   0.023785  43.258   <2e-16 ***
hospital          0.164797   0.005997  27.478   <2e-16 ***
healthpoor        0.248307   0.017845  13.915   <2e-16 ***
healthexcellent  -0.361993   0.030304 -11.945   <2e-16 ***
chronic           0.146639   0.004580  32.020   <2e-16 ***
gendermale       -0.112320   0.012945  -8.677   <2e-16 ***
school            0.026143   0.001843  14.182   <2e-16 ***
insuranceyes      0.201687   0.016860  11.963   <2e-16 ***
---
(Dispersion parameter for poisson family taken to be 1)
    Null deviance: 26943  on 4405  degrees of freedom
Residual deviance: 23168  on 4398  degrees of freedom
AIC: 35959
```

다음은 종속변수 visits (병원 방문횟수)의 적합분포를 시각화하기 위한 R 스크립트이다.

```
tab <- matrix(0,n,90)
for (i in 1:n) tab[i, ] <- dpois(0:89, fitted(fm_pois)[i])
tab.1 <- round(apply(tab, 2, sum))
barplot(tab.1, xlab = "Number of physician office visits",
    ylab="Frequency")
axis(2)
axis(1, at = 0:18 * 5, labels = FALSE)
axis(1, at = 0:9 * 10)
title("ML-Poisson")
```

그림 2가 그래프 출력인데, 그림 1과 대조하여 관측분포와 적합분포가 크게 다름을 볼 수 있다. 포아송 모형은 아닌 것이다.

■ **음이항 모형**

```
fm_nbin <- glm.nb(visits ~ ., data = dt)
summary(fm_nbin)
```

적합 결과는 다음과 같다.

Coefficients:

	Estimate	Std. Error	z value	Pr(>|z|)	
(Intercept)	0.929257	0.054591	17.022	< 2e-16	***
hospital	0.217772	0.020176	10.793	< 2e-16	***
healthpoor	0.305013	0.048511	6.288	3.23e-10	***
healthexcellent	-0.341807	0.060924	-5.610	2.02e-08	***
chronic	0.174916	0.012092	14.466	< 2e-16	***
gendermale	-0.126488	0.031216	-4.052	5.08e-05	***
school	0.026815	0.004394	6.103	1.04e-09	***
insuranceyes	0.224402	0.039464	5.686	1.30e-08	***

(Dispersion parameter for Negative Binomial(1.2066) family taken to be 1)

```
    Null deviance: 5743.7  on 4405  degrees of freedom
Residual deviance: 5044.5  on 4398  degrees of freedom
AIC: 24359
```

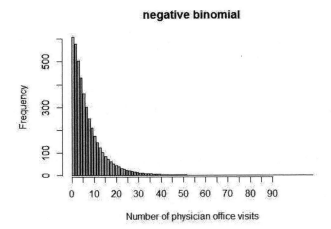

그림 3. 병원 방문회수 visits의 적합분포: 음이항 모형

다음은 visits (병원 방문횟수)의 적합분포를 시각화하기 위한 R 스크립트이다.

```
tab <- matrix(0,n,90)
for (i in 1:n) tab[i, ] <- dnbinom(0:89,
    mu = fitted(fm_nbin)[i], size = fm_nbin$theta)
tab.1 <- round(apply(tab, 2, sum))
barplot(tab.1, xlab = "Number of physician office visits",
    ylab="Frequency")
axis(2)
axis(1, at = 0:18 * 5, labels = FALSE)
axis(1, at = 0:9 * 10)
title("negative binomial")
```

그림 3이 그래프 출력인데, 그림 1과 대조하여 적합분포가 관측분포에 접근하였음을 볼 수 있다. 0-확대 모형이 음이항 모형보다 나은지를 살펴보자.

* 이 절의 실습파일: zero-inflated nmes1988.r

■ 0-확대 포아송 모형

```
fm_zip <- zeroinfl(visits ~ . | hospital + chronic + insurance
    + school + gender, data = dt, dist = "pois")
summary(fm_zip)
```

앞에서 수직선 "|" 다음의 모형 식은 π에 대한 것이다. θ에 대한 모형의 출력은 다음과 같다.

```
Count model coefficients (poisson with log link):
                Estimate Std. Error z value Pr(>|z|)
(Intercept)     1.405600   0.024179  58.134  < 2e-16 ***
hospital        0.159014   0.006060  26.240  < 2e-16 ***
healthpoor      0.253416   0.017706  14.313  < 2e-16 ***
healthexcellent -0.307366   0.031265  -9.831  < 2e-16 ***
chronic         0.101846   0.004721  21.573  < 2e-16 ***
gendermale     -0.062352   0.013056  -4.776 1.79e-06 ***
school          0.019169   0.001873  10.232  < 2e-16 ***
insuranceyes    0.080533   0.017147   4.697 2.65e-06 ***
```

다음은 π에 대한 모형의 출력이다.

```
Zero-inflation model coefficients (binomial with logit link):
              Estimate Std. Error z value Pr(>|z|)
(Intercept)   -0.05937    0.14040  -0.423 0.672392
hospital      -0.30669    0.09121  -3.363 0.000772 ***
chronic       -0.53972    0.04419 -12.212  < 2e-16 ***
insuranceyes  -0.75373    0.10211  -7.381 1.57e-13 ***
school        -0.05560    0.01218  -4.564 5.02e-06 ***
gendermale     0.41806    0.08920   4.687 2.77e-06 ***
```

다음은 visits (병원 방문횟수)의 적합분포를 시각화하기 위한 R 스크립트이다.

```
tab.1 <- round(apply(predict(fm_zip, type = "prob"),2,sum))
barplot(tab.1, xlab = "Number of physician office visits",
    ylab="Frequency")
title("zero-inflated Poisson")
```

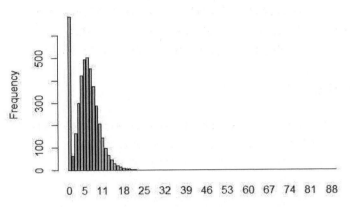

그림 4. 병원 방문회수 visits의 적합분포: 0-확대 포아송 모형

그림 4가 그래프 출력인데, 그림 1과 대조하여 "0"의 빈도는 실제 관측에 접근하였으나 $y \geqq 1$ 에서는 관측분포와 적합분포가 크게 다름을 볼 수 있다. 0-확대 포아송 모형도 아닌 것이다.

■ **0-확대 음이항 모형**

```
fm_zinb <- zeroinfl(visits ~ . | hospital+chronic+insurance
    +school+gender, data = dt, dist = "negbin")
summary(fm_zinb)
```

다음은 θ 에 대한 모형 출력이다.

```
Count model coefficients (negbin with log link):
                Estimate Std. Error z value Pr(>|z|)
(Intercept)     1.193716  0.056661  21.068  < 2e-16 ***
hospital        0.201477  0.020360   9.896  < 2e-16 ***
healthpoor      0.285133  0.045093   6.323 2.56e-10 ***
healthexcellent -0.319339  0.060405  -5.287 1.25e-07 ***
```

```
chronic           0.128999    0.011931   10.813  < 2e-16 ***
gendermale       -0.080277    0.031024   -2.588   0.00967 **
school            0.021423    0.004358    4.916 8.82e-07 ***
insuranceyes      0.125865    0.041588    3.026   0.00247 **
Log(theta)        0.394144    0.035035   11.250  < 2e-16 ***
```

다음은 π에 대한 모형 출력이다.

```
Zero-inflation model coefficients (binomial with logit link):
            Estimate Std. Error z value Pr(>|z|)
(Intercept)  -0.04684    0.26855  -0.174  0.86154
hospital     -0.80046    0.42081  -1.902  0.05715 .
chronic      -1.24790    0.17831  -6.999 2.59e-12 ***
insuranceyes -1.17558    0.22012  -5.341 9.26e-08 ***
school       -0.08378    0.02625  -3.191  0.00142 **
gendermale    0.64766    0.20011   3.236  0.00121 **
---
Theta = 1.4831
```
[2)]

다음은 visits (병원 방문횟수)의 적합분포를 시각화하기 위한 R 스크립트이다.

```
tab.1 <- round(apply(predict(fm_zinb, type = "prob"),2,sum))
barplot(tab.1, xlab = "Number of physician office visits",
    ylab="Frequency")
title("zero-inflated negative binomial")
```

그림 5가 그래프 출력인데, 그림 1과 대조하여 적합분포가 관측분포에 접근하였음을 볼 수 있다.

- **AIC 기준에 의한 모형선택**

이상으로 NMES1988 자료에 대해 포아송 모형(glm), 음이항 모형(glm), 0-확대 포아송 모형(zeroinfl), 0-확대 음이항 모형(zeroinfl)을 적합하여 보았

---

2) R의 출력에서 "theta"는 1절의 ϕ 파라미터이다.

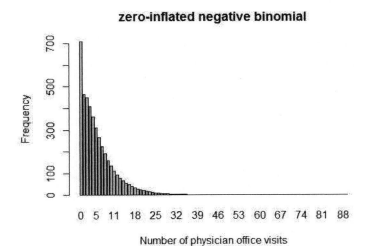

그림 5. 병원 방문회수 visits의 적합분포: 0-확대 음이항 모형

다. 어느 모형이 최적인가? 이를 정보량 기준 AIC를 써서 답하여 보자.

```
AIC(fm_pois)
AIC(fm_nbin)
AIC(fm_zip)
AIC(fm_zinb)
```

다음은 결과를 정리한 표이다. ZINB, 즉 0-확대 음이항 모형이 승자이다.[3]

포아송 모형	음이항 모형	0-확대 포아송	0-확대 음이항
Poisson	NB	ZIP	ZINB
35959	24359	32298	24211
GLM		Zero-Inflated Model	

---

3) AIC (Akaike's information criterion)은 작을수록 좋다.

참고자료

Zeileis, A., Kleiber, C., and Jackman, S. (2008). "Regression Models for Count Data in R", Journal of Statistical Software, Vol. 27, Issue 8.

부록. SPSS의 활용

데이터 파일 열기: nmes1988_1.sav (4,406개 줄, 7개 변수)

	visits	hospital	health	chronic	gender	school	insurance
1	5	1	average	2	male	6	yes
2	1	0	average	2	female	10	yes
3	13	3	poor	4	female	10	no
4	16	1	poor	2	male	3	yes
5	3	0	average	2	female	6	yes
6	17	0	poor	5	female	7	no
7	9	0	average	0	female	8	yes
8	3	0	average	0	female	8	yes
9	1	0	average	0	female	8	yes
10	0	0	average	0	female	8	yes
11	0	0	average	1	male	8	yes
12	44	1	average	5	female	15	yes

Analyze ▶ Generalized Linear Models ▶ Zero-Inflated Count Models

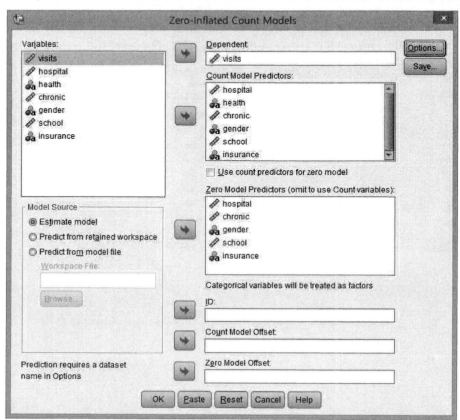

- 모형 추정하거나, 모형 추정 후 workspace를 사용하여 예측을 수행할 수 있다.
- Dependent: 계수형 변수를 입력한다.
- Count Model Predictors: 계수 모형(count model)에서 회귀적 관계를 보고자 하는 변수를 입력한다.
- Zero Model Predictors: 이분 0/1 모형(Zero model)에서 회귀적 관계를 보고자 하는 변수를 입력한다.

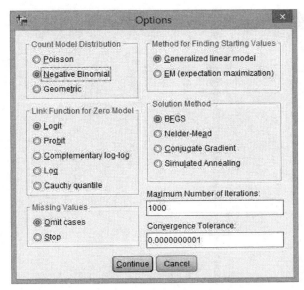

- 계수 모형에 대한 분포로 포아송(Poisson), 음이항(Negative Binomial), 음이항 분포에서 size parameter가 1인 geometric 분포가 포함되어 있다.
- Zero Model에 대하여 이항 분포에 쓰이는 link Function 중 하나를 선택한다.

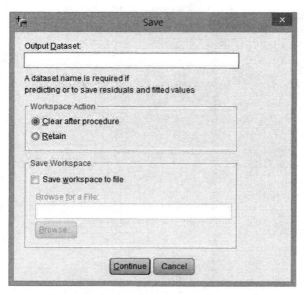

- 모형 추정의 경우, 적합값(fitted value)과 잔차를 저장할 데이터 세트 이름을 입력하고, 예측의 경우, 예측값(predicted value)을 저장할 데이터 세트 이름을 입력한다.
- 추정 모형을 workspace로 임시 저장할 것인지 제거할 것인지, 파일로 저장할 것인지 지정할 수 있다.

출력:

Count Model Coefficients

	Estimate	Std. Error	z Value	Significance
(Intercept)	1.239	.061	20.453	.000
hospital	.201	.020	9.896	.000
healthpoor	.285	.045	6.323	.000
healthexcellent	-.319	.060	-5.287	.000
chronic	.129	.012	10.813	.000
genderfemale	.080	.031	2.588	.010
school	.021	.004	4.916	.000
insuranceno	-.126	.042	-3.026	.002
Log(theta)	.394	.035	11.250	.000

Dependent Variable: visits

- θ 에 대한 모형이 출력된다.

Zero-Inflation Model Coefficients

	Estimate	Std. Error	z Value	Significance
(Intercept)	-.575	.335	-1.717	.086
hospital	-.800	.421	-1.902	.057
chronic	-1.248	.178	-6.998	.000
genderfemale	-.648	.200	-3.236	.001
school	-.084	.026	-3.191	.001
insuranceno	1.176	.220	5.341	.000

Dependent Variable: visits

- π 에 대한 모형이 출력된다.

7장. 모수적 생존 모형 parametric survival model

이 장은 생존시간에 대한 모수적 회귀모형 (일명 가속고장시간모형, accelerated failure-time model)을 다룬다. 이 모형은 비례위험모형에 대한 대안으로 활용가능하다. R의 survival 팩키지를 활용할 것이다.

1. 확률분포

생존시간(survival time) T는 양의 확률변수로 환자의 수명, 공산품의 고장시간, 고객에 대한 서비스 유지 기간 등에 적용된다. 다음은 $T > 0$에 관련된 확률 용어 및 표기이다.

- 확률밀도함수 (p.d.f.): $f(t) \geqq 0$ for $t > 0$.
- 생존함수 (survival function): $S(t) = \Pr\{T > t\}$, for $t > 0$.
- 위험함수(hazard function): $\lambda(t) = \dfrac{f(t)}{S(t)}$, for $t > 0$.
- 생존함수와 위험함수의 관계: $S(t) = \exp\left\{-\int_0^t \lambda(u)\,du\right\}$, for $t > 0$.

모수적 확률분포의 대표적인 예는 지수분포와 와이블 분포이다. 두 분포의 위험함수는 다음과 같다.

- 지수분포 exponential (λ): $\lambda(t) = \lambda > 0$.
- 와이블 분포 Weibull (λ, p): $\lambda(t) = \lambda^p p\, t^{p-1}$, $p > 0$.

와이블 분포 Weibull (λ, p)는 $p = 1$인 경우 지수분포 exponential (λ)와 같다.

$T > 0$의 로그 변환 $Y (= \log_e T)$에 관한 다음 사실을 알아두자.

- W가 극단값 분포(extreme value distribution)를 따른다고 전제하자. 극단값 분포의 확률밀도는 $f_W(w) = e^{-w - e^{-w}}$이다 $(-\infty < w < \infty)$. 그림 1을 보라.

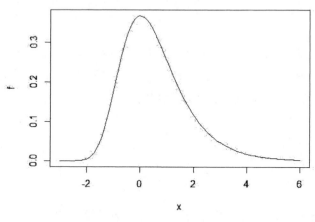

그림 1. 극단값 분포

- $Y (= \log_e T) = \alpha + \sigma W$ 라고 하자. W가 극단값 분포를 따르면 $T(= e^Y)$는 다음 분포를 따른다.

  1) $\sigma = 1$의 경우, T는 지수분포 exponential (λ)를 따른다. 여기서 $\lambda = e^{-\alpha}$.

  2) $\sigma \neq 1$의 경우, T는 와이블 분포 Weibull (λ, p)를 따른다. 여기서 $\lambda = e^{-\alpha}$, $p = \sigma^{-1}$.

2. 통계적 모형

생존시간 $t_1, \cdots, t_n$에 대한 통계적 모형으로 다음을 생각하자.

$$y_i (= \log_e t_i) = \beta_0 + \beta_1 x_{i1} + \cdots + x_{ip} + \sigma w_i, \quad i = 1, \cdots, n \qquad (1)$$

여기서 $w_1, \cdots, w_n$은 극단값 분포를 따르는 독립적 오차이다 (다른 분포를 가정할 수도 있다). 모형 (1)을 가속수명모형(accelerated lifetime model)이라고 한다. 이런 이름이 붙는 이유는 다음과 같다.

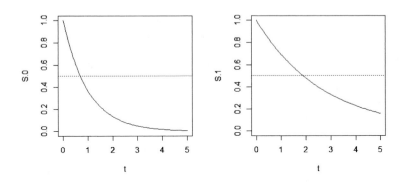

그림 2. $S(t \mid 0, \cdots, 0)$의 그래프 [좌]와 $S(t \mid x_1, \cdots, x_p)$의 그래프 [우]:
$\beta_1 x_1 + \cdots + \beta_p x_p = 1$인 경우

공변량 값이 $x_1, \cdots, x_p$인 개체의 생존함수 $S(t \mid x_1, \cdots, x_p)$를 구해보자.

$$S(t \mid x_1, \cdots, x_p) = P\{\, T > t \mid x_1, \cdots, x_p \,\}$$
$$= P\{\, \beta_0 + \beta_1 x_1 + \cdots + \beta_p x_p + \sigma W > \log t \,\}$$
$$= P\{\, \beta_0 + \sigma W > \log t - \beta_1 x_1 - \cdots - \beta_p x_p \,\}$$
$$= P\{\, \log T_0 > \log t - \beta_1 x_1 - \cdots - \beta_p x_p \,\}, \quad T_0 = \beta_0 + \sigma W$$
$$= P\{\, T > t\, e^{-(\beta_1 x_1 + \cdots + \beta_p x_p)} \mid 0, \cdots, 0 \,\}$$
$$= S(\, t\, e^{-(\beta_1 x_1 + \cdots + \beta_p x_p)} \mid 0, \cdots, 0) \,.$$

정리하면

$$S(t \mid x_1, \cdots, x_p) = S(\, t\, e^{-(\beta_1 x_1 + \cdots + \beta_p x_p)} \mid 0, \cdots, 0) \,. \tag{2}$$

이것은 $S(t \mid x_1, \cdots, x_p)$의 그래프가 $S(t \mid 0, \cdots, 0)$의 그래프를 시간 축 방향으로 $e^{\beta_1 x_1 + \cdots + \beta_p x_p}$ 배로 늘림으로써 얻어짐을 의미한다. 그림 2를 보라.

공변량 값이 $x_1, \cdots, x_p$인 개체의 중간값 수명(median lifetime)은 공변량 값이 $0, \cdots, 0$인 개체의 중간값 수명의 $e^{\beta_1 x_1 + \cdots + \beta_p x_p}$ 배이다.

----

3. 분석 사례

3.1 ovarian {survival}

survival 팩키지에 내재된 ovarian은 난소암 환자 26명의 생존 기록 데이터이다.
다음 변수들로 구성되어 있다.

futime:	survival or censoring time
fustat:	censoring status
age:	in years
resid.ds:	residual disease present (1=no, 2=yes)
rx:	treatment group
ecog.ps:	ECOG performance status (1 is better)

그림 3은 ecog.ps의 수준 별 Kaplan-Meier 추정 생존함수를 그린 것이고 그림
4는 ecog.ps의 수준과 rx(처치) 그룹별 Kaplan-Meier 추정 생존함수를 그린 것
이다. fustat은 중도절단(censoring, 중절)을 나타내는 지표이다 (= 1 for event,
= 0 for censored). 다음 스크립트가 사용되었다.

```
library(survival)
data(ovarian)
str(ovarian)
plot(survfit(Surv(futime, fustat) ~ ecog.ps, data=ovarian),
    lty=1:2, main="ovarian cancer")
legend(50, 0.2, c("ecog.ps=1", "ecog.ps=2"), lty = 1:2)
plot(survfit(Surv(futime, fustat) ~ ecog.ps + rx, data=ovarian),
    lty=c(1,1,2,2), col=c("red", "blue","red", "blue"),
    main="ovarian cancer")
legend(25, 0.25, c("ecog.ps=1, rx=1", "ecog.ps=1, rx=2",
    "ecog.ps=2, rx=1", "ecog.ps=2, rx=2"), lty = c(1,1,2,2),
    col=c("red", "blue","red", "blue"), cex=0.8)
```

그림 3에서 ecog.ps 수준 1의 생존 패턴이 우월한 것으로 나타난다. 그림 4에서
rx 그룹 2의 경우 ecog.ps 수준 1의 생존 패턴이 ecog.ps 수준 2의 생존 패턴
에 비해 월등하게 좋은 것으로 나타났다.

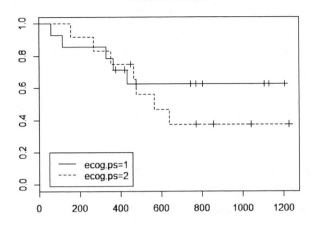

그림 3. 난소암 환자의 ecog.ps 수준별 추정 생존함수

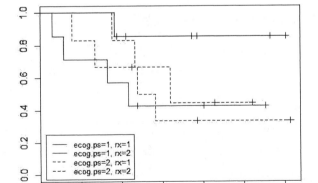

그림 4. 난소암 환자의 ecog.ps 수준별, 처치 그룹별 추정 생존함수

* 이 절의 실습파일: <u>survival survreg ovarian.r</u>

다음은 공변량으로 ecog.ps가 포함된 모수적 생존모형 적합을 위한 R 스크립트이다. survival 팩키지의 `survreg( )`이 사용되었다. 와이블 분포가 가정되었다.

```
ovarian.1 <- survreg(Surv(futime, fustat) ~ ecog.ps,
                 data=ovarian, dist="weibull")
summary(ovarian.1)
```

출력은 다음과 같다. ecog.ps의 계수가 음인 것은 ecog.ps가 생존시간의 감축요인 임을 의미한다.[1]

```
             Value Std. Error     z       p
(Intercept)  7.766     0.915  8.489 2.08e-17
ecog.ps     -0.431     0.534 -0.808 4.19e-01
Log(scale)  -0.108     0.254 -0.426 6.70e-01


Scale= 0.897          Weibull distribution
Loglik(model)= -97.6   Loglik(intercept only)= -98
Chisq= 0.69 on 1 degrees of freedom, p= 0.41
```

다음은 공변량으로 ecog.ps 외 rx (=처치그룹)가 포함된 모수적 생존모형 적합을 위한 R 스크립트이다. 와이블 분포가 가정되었다.

```
ovarian.2 <- survreg(Surv(futime, fustat) ~ ecog.ps + factor(rx),
                 data=ovarian, dist="weibull")
summary(ovarian.2)
```

출력은 다음과 같다. ecog.ps의 계수는 여전히 음으로 나타났다. rx=2 그룹의 계수가 +0.529로 나왔는데 이것은 rx=2 그룹의 생존시간이 rx=1 그룹 생존시간의 1.7 (= $e^{0.529}$) 배임을 뜻한다.

```
             Value Std. Error     z       p
(Intercept)  7.425     0.929  7.995 1.30e-15
ecog.ps     -0.385     0.527 -0.731 4.65e-01
factor(rx)2  0.529     0.529  0.999 3.18e-01
```

----

1) ecog.ps=2인 개체들이 ecog.ps=1인 개체들에 비해 생존시간이 짧다.

Log(scale)　-0.123　　　0.252 -0.489 6.25e-01

Scale= 0.884　　　　　　Weibull distribution
Loglik(model)= -97.1　Loglik(intercept only)= -98
Chisq= 1.74 on 2 degrees of freedom, p= 0.42

3.2 veteran {survival}

survival 팩키지에 내재된 veteran은 폐암 환자 137명에 대한 임상시험 자료이다. 다음 변수들이 자료에 포함되어 있다.

```
trt:       1=standard, 2=test
celltype:  1=squamous, 2=smallcell, 3=adeno, 4=large
time:      survival time
status:    censoring status
karno:     Karnofsky performance score (100=good)
diagtime:  months from diagnosis to randomisation
age:       in years
prior:     prior therapy; 0=no, 1=yes
```

다음은 공변량으로 karno, age, diagtime, prior, celltype 등과 처리요인 trt가 포함된 모수적 생존모형 적합을 위한 R 스크립트이다. 와이블 분포가 가정되었다.

```
library(survival)
data(veteran)
str(veteran)
survreg(Surv(time, status) ~ karno+age+diagtime+prior
        +celltype+factor(trt), data=veteran)
```

출력은 다음과 같다. karno, age, diagtime, prior, celltype 등의 공변량들을 통제하는 경우 처리요인 trt는 유의하지 않았지만 (양측 p-값 0.221), celltype "squamous"에 비해 "smallcell"과 "adeno"가 생존시간 단축을 뜻하는 유의한 지표인 것으로 나타났다.

```
                    Value Std. Error        z        p
(Intercept)       3.262014    0.66253   4.9236 8.50e-07
karno             0.030068    0.00483   6.2281 4.72e-10
age               0.006099    0.00855   0.7131 4.76e-01
diagtime         -0.000469    0.00836  -0.0561 9.55e-01
prior            -0.004390    0.02123  -0.2068 8.36e-01
celltypesmallcell -0.826185   0.24631  -3.3542 7.96e-04
celltypeadeno    -1.132725    0.25760  -4.3973 1.10e-05
celltypelarge    -0.397681    0.25475  -1.5611 1.19e-01
factor(trt)2     -0.228523    0.18684  -1.2231 2.21e-01
Log(scale)       -0.074599    0.06631  -1.1250 2.61e-01
```

```
Scale= 0.928            Weibull distribution
Loglik(model)= -715.6   Loglik(intercept only)= -748.1
Chisq= 65.08 on 8 degrees of freedom, p= 4.7e-11
```

* 이 절과 다음 절의 실습파일: <u>survival survreg veteran.r</u>

4. Cox의 비례위험모형과의 비교

다음 장에서 다룰 비례위험모형(proportional hazards model)에서는 공변량이 $x_1, \cdots, x_p$인 개체의 위험함수 $\lambda(t \mid x_1, \cdots, x_p)$가

$$\lambda(t \mid x_1, \cdots, x_p) = e^{\alpha_1 x_1 + \cdots + \alpha_p x_p} \lambda(t \mid 0, \cdots, 0)$$

으로 전제된다. 즉, 공변량 값이 $x_1, \cdots, x_p$인 개체의 위험률이 공변량 값이 모두 0인 개체 위험률의 $e^{\alpha_1 x_1 + \cdots + \alpha_p x_p}$임을 가정하는 것이다. $\alpha_1 x_1 + \cdots + \alpha_p x_p > 0$인 개체의 위험률은 이 값이 0인 개체의 위험률에 비하여 크다.

비례위험모형은 위험함수에 대하여만 규정하므로 생존함수의 일정부분은 비모수적이다. 비례위험모형은 준모수적(準母數的, semiparametric) 방법이다.

콕스의 비례위험모형에서 "$\alpha_1 x_1 + \cdots + \alpha_p x_p > 0$"인 것과 모수적 생존모형에서

"$\beta_1 x_1 + \cdots + \beta_p x_p < 0$"인 것은 대체로 대응한다. 즉, α_j와 β_j의 부호는 반대인 경향이 있다 ($j = 1, \cdots, p$).

수치 예로서, veterans 자료에 적용된 콕스의 비례위험모형을 보자. survival 팩키지의 coxph( )를 쓴다.

```
coxph(Surv(time, status) ~ karno+age+diagtime+prior
        +celltype+factor(trt), data=veteran)
```

출력은 다음과 같다.

n= 137, number of events= 128

	coef	exp(coef)	se(coef)	z	Pr(>¦z¦)	
karno	-3.28e-02	9.68e-01	5.51e-03	-5.96	2.6e-09	***
age	-8.71e-03	9.91e-01	9.30e-03	-0.94	0.3492	
diagtime	8.13e-05	1.00e+00	9.14e-03	0.01	0.9929	
prior	7.16e-03	1.01e+00	2.32e-02	0.31	0.7579	
celltypesmallcell	8.62e-01	2.37e+00	2.75e-01	3.13	0.0017	**
celltypeadeno	1.20e+00	3.31e+00	3.01e-01	3.97	7.0e-05	***
celltypelarge	4.01e-01	1.49e+00	2.83e-01	1.42	0.1557	
factor(trt)2	2.95e-01	1.34e+00	2.08e-01	1.42	0.1558	

Concordance= 0.736 (se = 0.03)
Rsquare= 0.364   (max possible= 0.999)
Likelihood ratio test= 62.1 on 8 df,   p=1.8e-10
Wald test   = 62.4 on 8 df,   p=1.6e-10
Score (logrank) test = 66.7 on 8 df,   p=2.19e-11

karno, age, diagtime, prior, celltype 등의 공변량들과 처리요인 trt의 부호가 모수적 생존회귀모형 계수들의 부호와 정반대인 것을 볼 수 있다.

참고자료

김양진 (2013). 생존분석. 자유아카데미.

부록. SPSS의 활용

데이터 파일 열기: ovarian.sav (26개 줄, 6개 변수)

	futime	fustat	age	resid.ds	rx	ecog.ps
1	59	1	72.3315	2	1	1
2	115	1	74.4932	2	1	1
3	156	1	66.4658	2	1	2
4	421	0	53.3644	2	2	1
5	431	1	50.3397	2	1	1
6	448	0	56.4301	1	1	2
7	464	1	56.9370	2	2	2
8	475	1	59.8548	2	2	2
9	477	0	64.1753	2	1	1
10	563	1	55.1781	1	2	2
11	638	1	56.7562	1	1	2
12	744	0	50.1096	1	2	1

Analyze ▶ Survival ▶ Parametric Regression

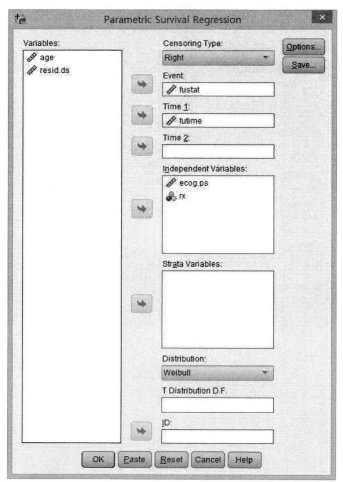

- Event: 중도절단 또는 사건의 발생을 일컫는다.
- Time1: 생존시간을 일컫는다.
- Independent Variables: 예측변수를 지정한다.
- Distribution: 모수적 확률분포의 대표적인 Weibull, Exponential 분포를 포함
  하여 Gaussian, Logistic, Lognormal, Loglogistic, T 분포를 지정할 수 있
  다.

출력:

Survival Regression Summary

	Values
Event Variable	fustat
Censoring Type	right
Time	futime
Time2	--None--
Distribution	weibull
Robust Estimation	No
Output Dataset	--None--
Missing Values Treatment	listwise
N	26
Number of Iterations	5
Scale	0.883873071 703135
Log Likelihood (Model)	-97.08449316 83874
Log Likelihood (Intercept Only)	-97.95390104 71308
Chi-Squared	1.738815757 48669
D.F.	2
P Value	0.419199692 82375

Results computed by R survival package function survreg

- 적합된 모형의 요약정보 이다.

Survival Regression

	Value	Std. Error	Z	P
(Intercept)	7.425	.929	7.995	.000
rx2	.529	.529	.999	.318
ecog.ps	-.385	.527	-.731	.465
Log(scale)	-.123	.252	-.489	.625

Event variable: fustat

- 독립변수의 유의여부와 계수를 통해 영향도를 확인할 수 있다.

데이터 파일 열기: veteran.sav (137개 줄, 8개 변수)

	trt	celltype	time	status	karno	diagtime	age	prior
1	1	squamous	72	1	60	7	69	0
2	1	squamous	411	1	70	5	64	10
3	1	squamous	228	1	60	3	38	0
4	1	squamous	126	1	60	9	63	10
5	1	squamous	118	1	70	11	65	10
6	1	squamous	10	1	20	5	49	0
7	1	squamous	82	1	40	10	69	10
8	1	squamous	110	1	80	29	68	0
9	1	squamous	314	1	50	18	43	0
10	1	squamous	100	0	70	6	70	0
11	1	squamous	42	1	60	4	81	0
12	1	squamous	8	1	40	58	63	10

Analyze ▶ Survival ▶ Parametric Regression

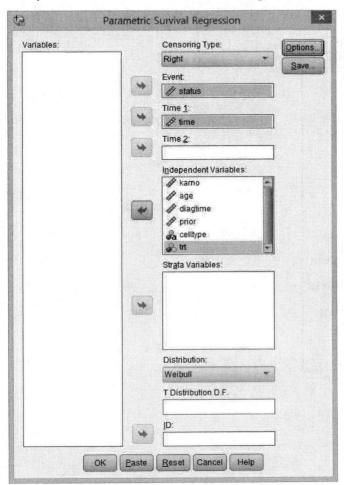

- Event: 중도절단 또는 사건의 발생을 일컫는다.
- Time1: 생존시간을 일컫는다.
- Independent Variables: 예측변수를 지정한다.
- Distribution: 모수적 확률분포의 대표적인 Weibull, Exponential 분포를 포함
  하여 Gaussian, Logistic, Lognormal, Loglogistic, T 분포를 지정할 수 있
  다.

출력:

Survival Regression Summary

	Values
Event Variable	status
Censoring Type	right
Time	time
Time2	--None--
Distribution	weibull
Robust Estimation	No
Output Dataset	--None--
Missing Values Treatment	listwise
N	137
Number of Iterations	6
Scale	0.928115277 427585
Log Likelihood (Model)	-715.5513293 52507
Log Likelihood (Intercept Only)	-748.0912139 91611
Chi-Squared	65.07976927 82085
D.F.	8
P Value	4.653943896 92619e-11

Results computed by R survival package function survreg

- 적합된 모형의 요약정보이다.

Survival Regression

	Value	Std. Error	Z	P
(Intercept)	3.262	.663	4.924	.000
karno	.030	.005	6.228	.000
age	.006	.009	.713	.476
diagtime	.000	.008	-.056	.955
prior	-.004	.021	-.207	.836
celltypesmallcell	-.826	.246	-3.354	.001
celltypeadeno	-1.133	.258	-4.397	.000
celltypelarge	-.398	.255	-1.561	.119
trt2	-.229	.187	-1.223	.221
Log(scale)	-.075	.066	-1.125	.261

Event variable: status

- celltype "smallcell"과 "adeno", 그리고 "karno"가 생존시간에 영향을 주는 유의한 변수인 것으로 나타났다.

8장. 비례위험모형 proportional hazards model

이 장은 생존시간에 대한 회귀모형으로 널리 쓰이는 콕스의 비례위험모형(Cox's proportional hazards model)을 다룬다. 이 모형은 일부 모수적(parametric)이고 일부 비모수적(nonparametric)인 소위 준모수적(semi-parametric)이라는 점에서 특색이 있다. 모형이 시간의존적인 공변량(time-dependent covariate)을 허용하는 수준까지 일반화될 것이다. R의 survival 팩키지를 활용한다.

1. 기본 모형

생존시간(survival time) T는 양의 확률변수로 환자의 수명, 공산품의 고장시간, 고객에 대한 서비스 유지 기간 등에 적용된다. 다음은 $T > 0$에 관련된 확률 용어 및 표기이다.[1]

- 확률밀도함수 (p.d.f.): $f(t) \geqq 0 \ \text{for} \ t > 0.$
- 생존함수 (survival function): $S(t) = \Pr\{T > t\}, \ \text{for} \ t > 0.$
- 위험함수(hazard function): $\lambda(t) = \dfrac{f(t)}{S(t)}, \ \text{for} \ t > 0.$
- 생존함수와 위험함수의 관계: $S(t) = \exp\left\{-\int_0^t \lambda(u)\,du\right\}, \ \text{for} \ t > 0.$

비교 실험에서 대조군과 처리군이 있다고 하자. 대조군의 위험함수를 $\lambda_0(t)$로, 처리군의 위험함수를 $\lambda_1(t)$로 표기하자. 콕스 비례위험모형은 2개의 위험함수에 대하여 다음을 가정한다.

$$\lambda_1(t) = k\,\lambda_0(t), \quad \text{for} \ t > 0.$$

따라서 비례상수 k가 1보다 크면 처리군이 대조군에 비해 위험함을, 즉 처리군의 생존시간이 대조군에 비해 짧음을 의미한다. k가 1보다 작으면 그 반대이다.

---

1) 이 부분은 7장 《모수적 생존모형》과 중복된다.

생존시간 T에 대하여 몇 개의 공변량을 고려하는 경우 콕스 비례위험모형은

$$\lambda(t;\boldsymbol{x}) = \lambda(t;0)\exp(\boldsymbol{\beta}^t\boldsymbol{x})$$

로 표현된다. 여기서 $\boldsymbol{x} = (x_1, \cdots, x_p)^t$는 공변량 벡터이고 $\boldsymbol{\beta} = (\beta_1, \cdots, \beta_p)^t$는 계수벡터이다. 즉, 공변량 속성 값이 $\boldsymbol{x}$인 개체의 위험은 속성 값이 0인 개체가 갖는 위험의

$$\lambda(t;\boldsymbol{x}) = \lambda(t;0)\exp(\beta_1 x_1 + \cdots + \beta_p x_p) = \lambda(t;0)\, e^{\beta_1 x_1} \cdots e^{\beta_p x_p}$$

배이다. 따라서 $\beta_j > 0$이면 공변량 X_j가 위험을 가중시키는 요인임을, $\beta_j < 0$이면 공변량 X_j가 위험을 경감시키는 요인임을 의미한다.

비례위험모형에서는 위험함수가 기준위험(baseline hazard)의 비례식으로만 제시되므로 가능도(full likelihood) 전체가 드러나지 않는다. 대신, 편가능도(偏可能度, partial likelihood)를 쓸 수 있는데 이것은 다음과 같이 정의된다.

- 생존시간이 (t_i, δ_i)로 기록되었다고 하자 $(i = 1, \cdots, n)$. 여기서 $\delta_1, \cdots, \delta_n$은 사건지표(event indicator)이다. 즉 사망(death)이 관측된 경우 δ는 1이고 중도절단(censored)의 경우 δ는 0이다.

- 비례위험모형에서 편가능도는

$$L^*(\underline{\beta}) = \prod_{i=1}^{n} \left[\frac{\exp(\boldsymbol{x}_i^T \beta)}{\sum_{t_k \geq t_i} \exp(\boldsymbol{x}_k^T \beta)} \right]^{\delta_i}$$

로 주어진다. 이것은 총 가능도 중에서 모형에 의해 명세화되는 일부이다.

- 비례위험모형의 계수 파라미터 $\beta_1, \cdots, \beta_p$의 추정치는 편가능도의 수치적 최대화를 통해 얻어진다. 실제 계산 알고리즘에 대하여는 여기서 다루지 않겠다.

- 보기. **Mayo Clinic Primary Biliary Cirrhosis Data (pbc)**

이 자료에서 status가 사건 상태를 나타내는데 0이 중도절단(censored), 1이 이식(transplant), 2가 사망(death)이다. 여기서는 status=2를 사건으로 정의하고 status=0 또는 1을 중도절단(중절)으로 간주할 것이다. 종속변수는 time

이고 고려할 공변량은 age, log(bili), edema, log(protime), albumin이다.

비례위험모형 분석을 위한 R 스크립트는 다음과 같다. survival 팩키지의
coxph() 함수를 썼다.

```
library(survival)
data(pbc)
str(pbc)
coxph.pbc <- coxph(Surv(time, status==2) ~
                    age+log(bili)+edema+log(protime)+albumin, data=pbc)
```

출력은 다음과 같다. age, log(bili), edema, log(protime)이 위험을 높이는
유의한 요인으로, albumin이 위험을 낮추는 유의한 요인으로 나타났다.

```
> summary(coxph.pbc)

n= 416, number of events= 160
(2 observations deleted due to missingness)

                 coef exp(coef)  se(coef)       z Pr(>|z|)
age          0.039713  1.040512  0.007655   5.188 2.12e-07 ***
log(bili)    0.862491  2.369054  0.083026  10.388  < 2e-16 ***
edema        0.902100  2.464774  0.271733   3.320 0.000901 ***
log(protime) 2.373164 10.731297  0.767849   3.091 0.001997 **
albumin     -0.756712  0.469207  0.209116  -3.619 0.000296 ***
---
             exp(coef) exp(-coef) lower .95 upper .95
age            1.0405    0.96107    1.0250    1.0562
log(bili)      2.3691    0.42211    2.0133    2.7877
edema          2.4648    0.40572    1.4470    4.1983
log(protime)  10.7313    0.09319    2.3826   48.3333
albumin        0.4692    2.13126    0.3114    0.7069

Concordance= 0.835  (se = 0.025 )
Rsquare= 0.425   (max possible= 0.985 )
```

----

2. 공변량이 시간의존적인 경우

이 절에서는 생존에 영향을 주는 공변량이 시간의존적(tim-dependent)인 경우를 생각하기로 한다. 관찰기간 중 투약량이 변경되었다거나 혈압이 바뀐 사례들이 이런 경우에 해당한다.

시간의존적 공변량이 있는 경우 콕스 비례위험모형은

$$\lambda(t; \boldsymbol{x}) = \lambda(t; 0) \exp(\underline{\beta}^{T} \boldsymbol{x}(t))$$

로 표현된다. 따라서 편가능도가

$$L^{*}(\underline{\beta}) = \prod_{i=1}^{n} \left[\frac{\exp\left(\boldsymbol{x}_i(t_i)^t \underline{\beta}\right)}{\displaystyle\sum_{t_k \geq t_i} \exp\left(\boldsymbol{x}_k(t_i)^t \underline{\beta}\right)} \right]^{\delta_i}$$

이고, 회귀 파라미터 $\underline{\beta}$는 편가능도 $L^{*}(\underline{\beta})$를 수치적으로 최대화하여 얻는다.

이런 계산을 하기 위해서는 다음과 같이 자료를 정리할 필요가 있다.

개체 i의 최종관측이 (t_i, δ_i)이지만 그 이전에 $m_i - 1 (\geq 0)$번에 걸쳐 공변량 값이 바뀌었다고 하자 (공변량이 변하지 않는 경우는 $m_i = 1$이다). 중도변화 시점을 $t_i^{[1]}, \cdots, t_i^{[m_i-1]}$라고 하면 개체 i에 대하여 다음과 같이 m_i개 관측이 자료 셋에 진입한다 ($t_i \equiv t_i^{[m_i]}$, $\delta_i = \delta_i^{[m_i]}$).

시작시점	종료시점	공변량	사건지표
0	$t_i^{(1)}$	$\boldsymbol{x}_i(t_i^{[1]})$	$\delta_i^{[1]}$
$\vdots$			
$t_i^{[m_i-1]}$	$t_i^{[m_i]}$	$\boldsymbol{x}_i(t_i^{[m_i]})$	$\delta_i^{[m_i]}$

이에 따라 자료셋의 행 수가 $\displaystyle\sum_{i=1}^{n} m_i$로 늘어난다. 중도시점에서의 사건지표는 모두 0이다 (즉, $\delta_i^{[1]} = \cdots = \delta_i^{[m_i-1]} = 0$).

■ 보기. **Stanford Heart Transplant data (heart)**

스탠포드 대학 병원의 심장이식수술 자료인데 환자들은 이식에 앞서 불확정 시간을 대기하게 된다. 따라서 이식 수술을 받는 환자의 경우 이식 이전 관측이 1건으로, 이식 이후 사건(사망 또는 중단) 발생에 관한 관측이 1건으로 기록된다. 대기 중 사건이 발생한 케이스는 1건의 관측만 있게 된다.

```
library(survival)
data(heart)
str(heart)
```

다음의 일부 자료에서, id 3은 시점 1에서 이식(transplant)을 받았고 시점 16에서 사망한 케이스이고 id 4는 시점 36에서 이식을 받았고 시점 39에서 사망한 케이스이다. 반면 id 1과 id 2는 이식을 받지 않고 각각 시점 50과 시점 6에서 사망하였다. 변수 surgery는 과거에 바이패스 수술을 받았는지의 여부를 나타내는 지표이다.

```
> head(heart, 10)
   start stop event        age       year surgery transplant id
1      0   50     1 -17.155373  0.1232033       0           0  1
2      0    6     1   3.835729  0.2546201       0           0  2
3      0    1     0   6.297057  0.2655715       0           0  3
4      1   16     1   6.297057  0.2655715       0           1  3
5      0   36     0  -7.737166  0.4900753       0           0  4
6     36   39     1  -7.737166  0.4900753       0           1  4
7      0   18     1 -27.214237  0.6078029       0           0  5
8      0    3     1   6.595483  0.7008898       0           0  6
9      0   51     0   2.869268  0.7802875       0           0  7
10    51  675     1   2.869268  0.7802875       0           1  7
```

이와 같이 정비된 자료에서 survival 팩키지의 coxph() 함수로 시간의존 공변량이 있는 비례위험모형을 적합할 수 있다.

```
coxph.heart <- coxph(Surv(start, stop, event) ~ surgery + transplant,
                     data=heart)
```

출력은 다음과 같다. surgery가 위험을 낮추는 유의한 요인으로 나타났지만 핵심 변수인 transplant의 유의성은 입증되지 못하였다.

```
> summary(coxph.heart)

n= 172, number of events= 75

              coef exp(coef) se(coef)       z Pr(>|z|)
surgery    -0.7492    0.4727   0.3596  -2.083   0.0372 *
transplant1 0.1583    1.1716   0.2969   0.533   0.5938
---
           exp(coef) exp(-coef) lower .95 upper .95
surgery       0.4727     2.1153    0.2336    0.9566
transplant1   1.1716     0.8536    0.6547    2.0964

Concordance= 0.563  (se = 0.031 )
Rsquare= 0.031    (max possible= 0.969 )
```

3. 비례위험 가정의 검토

비례위험모형에서 각 공변량이 위험에 미치는 영향은 시간 불변적이라고 가정된다. 이런 가정이 맞는지를 검토하여 볼 필요가 있다. 시점 t 에서의 공변량 X_j의 계수를 $\beta_j(t)$ 에 대하여

$$\beta_j(t) = \beta_j + \theta\, g_j(t), \quad g_j(t) 는 \text{ 시간추세를 반영하는 smooth curve}$$

로 놓고

$$H_0 : \theta = 0 \quad 대 \quad H_1 : \theta \neq 0$$

을 검정해 보자. survival package의 cox.zph( )가 이것을 해낸다.

다음은 1절의 pbc 자료에 대한 비례위험모형의 비례위험가정에 대한 검토를 보여준다.

```
> cox.zph(coxph.pbc)
                 rho     chisq       p
 age         -0.00274  9.92e-04  0.97487
 log(bili)    0.13140  2.38e+00  0.12318
 edema       -0.06686  7.33e-01  0.39185
 log(protime) -0.31581 1.05e+01  0.00117
 albumin      0.05070  4.58e-01  0.49842
 GLOBAL            NA  1.54e+01  0.00893
```

4번째 공변량 log(protime)의 영향이 시점에 따라 변하는 것이 아닌가 의심된다 (p-값 < 0.2%).[2] 반면, 5번째 공변량 albumin은 비례위험가정에 충족된다. 이를 그래프로 확인할 수 있다.

```
> plot(cox.zph(coxph.pbc), var=4)
> plot(cox.zph(coxph.pbc), var=5)
```

그래프 출력인 그림 1과 그림 2를 보라. 그림 1에서 공변량 log(protime)의 계수가 시간이 감에 따라 하향하는 것을 볼 수 있다. 그림 2에서 공변량 albumin의 계수는 시간과 대체로 무관한 경향을 보인다.

* 이 장의 실습파일: survival proportional hazards.r

참고자료

김양진 (2013). 생존분석. 자유아카데미.

---

2) 여기서는 시간가변계수(time-varying coefficients) 모형에 대하여는 다루지 않는다.

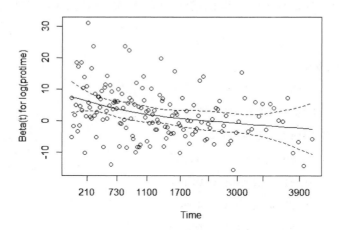

그림 1. pbc 사례에서 log(protime) 계수의 시간에 따른 변화

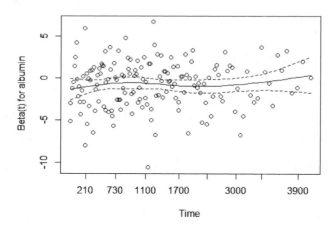

그림 2. pbc 사례에서 albumin 계수의 시간에 따른 변화

Fox, J. (2002). "Cox Proportional-Hazards Regression for Survival Data",
    Appendix to An R and S-PLUS Companion to Applied Regression.

Therneau, T., and Crowson, C. (2014). "Using Time Dependent
    Covariates and Time Dependent Coefficients in the Cox Model".

부록. SPSS의 활용

데이터 파일 열기: pbc_1.sav (418개 줄, 21개 변수)

	time	status	trt	age	sex	ascites	hepato	spiders	edema
1	400	2	1	59	f	1	1	1	1.0
2	4500	0	1	56	f	0	1	1	.0
3	1012	2	1	70	m	0	0	0	.5
4	1925	2	1	55	f	0	1	1	.5
5	1504	1	2	38	f	0	1	1	.0
6	2503	2	2	66	f	0	1	0	.0
7	1832	0	2	56	f	0	1	0	.0
8	2466	2	2	53	f	0	0	0	.0
9	2400	2	1	43	f	0	0	1	.0
10	51	2	2	71	f	1	0	1	1.0
11	3762	2	2	54	f	0	1	1	.0
12	304	2	2	59	f	0	0	1	.0

Analyze ▶ Survival ▶ Cox Regression

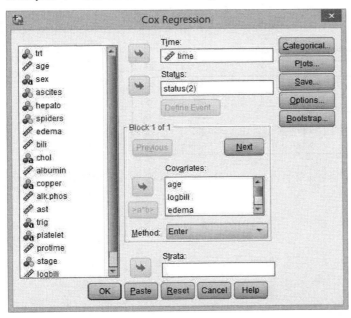

- Time: 종속변수를 지정한다.
- Status: 사건상태를 나타내는 변수를 지정하며, Define Event를 지정해야 한다.

- Covariates: 공변량을 지정한다.

- Define Event의 Single value 지정을 통해 사건과 중도절단을 정의한다.

출력:

Variables in the Equation

	B	SE	Wald	df	Sig.	Exp(B)
age	.040	.008	26.907	1	.000	1.041
logbili	.862	.083	107.765	1	.000	2.368
edema	.900	.272	10.962	1	.001	2.460
logprotime	2.372	.768	9.539	1	.002	10.721
albumin	-.754	.209	13.011	1	.000	.470

- 모든 공변량이 유의하게 나타났으며, albumin을 제외한 모든 공변량이 위험을
  높이는 요인으로 나타났다.

데이터 파일 열기: heart.sav (172개 줄, 9개 변수)

	start	stop	event	age	year	surgery	transplant	id
1	.0	50.0	1	-17	0	0	0	1
2	.0	6.0	1	4	0	0	0	2
3	.0	1.0	0	6	0	0	0	3
4	1.0	16.0	1	6	0	0	1	3
5	.0	36.0	0	-8	0	0	0	4
6	36.0	39.0	1	-8	0	0	1	4
7	.0	18.0	1	-27	1	0	0	5
8	.0	3.0	1	7	1	0	0	6
9	.0	51.0	0	3	1	0	0	7
10	51.0	675.0	1	3	1	0	1	7
11	.0	40.0	1	-3	1	0	0	8
12	.0	85.0	1	-1	1	0	0	9

Analyze ▶ Survival ▶ Cox Regression Extension

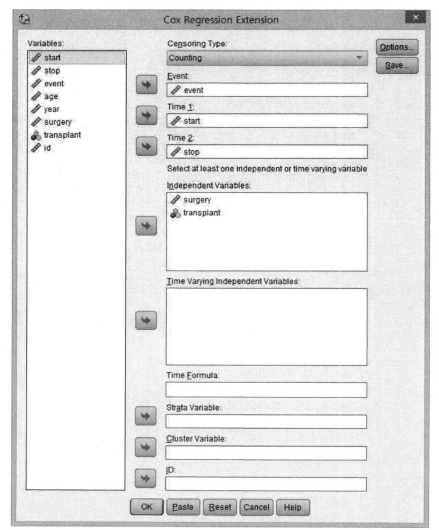

- Censoring Type: 중도절단 유형을 의미하며, 시작지점과 종료지점이 존재하는 Counting을 지정한다.
- Event: 사건상태를 나타내는 변수를 지정한다.
- Time 1: 시작시점에 해당하는 변수를 지정한다.
- Time 2: 종료시점에 해당하는 변수를 지정한다.
- Independent Variables: 종속변수에 영향을 주는 공변량을 지정한다.

출력:

Cox Regression Summary

	Values
Event Variable	event
Censoring Type	counting
Time	start
Time2	stop
Strata	--None--
Cluster	--None--
Ties	efron
Output Dataset	--None--
Prediction Reference	--NA--
Missing Values Treatment	listwise
Number of Cases	172
Missing Value Deletion	0
Number of Events	75
Number of Iterations	4
Log Likelihood (Initial)	-298.1214
Log Likelihood (Final)	-295.4402
Likelihood Ratio Test	5.3624
LR Degrees of Freedom	2
LR Sig	0.0685
Wald Test	4.5423
Wald Degrees of Freedom	2
Wald Sig	0.1032
Score (Logrank) Test	4.7294
Score Degrees of Freedom	2
Score Sig	0.094
R Squared	0.0307
Maximum Possible Rsq	0.8233
Concordance	0.5626
Concordance Std. Error	0.0308

Results computed by R survival package

- 적합된 모형의 요약정보 이다.

Cox Regression

	Coefficient	S.E. Coefficient	Z	Sig.	Exp(coef)	Exp(-coef)	Lower 95% C.I	Upper 95% C.I
surgery	-.749	.360	-2.083	.037	.473	2.115	.234	.957
transplant1	.158	.297	.533	.594	1.172	.854	.655	2.096

Event variable: event

- surgery가 위험을 유의하게 낮추는 요인으로 나타났다.

9장. 문항반응이론 item response theory

문항반응이론(IRT)은 시험지 문항들의 난이도와 변별도 및 수험생의 학업능력(=잠재특성)에 대한 정보를 잠재특성모형에 기반하여 추출해낸다. R의 ltm 팩키지를 활용하여 문항반응이론의 적용 예를 보일 것이다.

1. 배경과 모형

n명의 학생이 p개 문항 시험지로 학업능력을 평가 받았다고 하자. 그리고 각 문항에 (틀리면) 0점, 또는 (맞으면) 1점이 부여된다고 하자. 그런 경우 데이터는

$$x_{ij} = 0, 1 \ \text{for} \ i = 1, \cdots, n; \ j = 1, \cdots, p$$

로 나타내지고, 연구자의 관심은

- 각 문항의 난이도와 변별도
- 잠재적 특성으로서의 수험자별 학업능력(academic ability)

에 있다.

☐ 1-모수 로지스틱 모형(one-parameter logistic model)

학업능력 z의 수험자가 문항 j에서 답을 맞힐 확률을 $p_j(z)$라고 하자. 즉, $p_j(z) = P\{X_j = 1 \mid z\}$이다. 1-모수 로지스틱 모형은

$$\log_e \frac{p_j(z)}{1 - p_j(z)} = \alpha(z - \beta_j) \tag{1}$$

이다. 이 모형을 래쉬 모형(Rasch model)이라고도 한다. 그림 1을 보라.

모형 (1)에서

- 파라미터 $\alpha > 0$는 p개 문항 공통의 변별도(discrimination)를 나타내고
- 파라미터 $\beta_1, \cdots, \beta_p$는 p개 문항 각각의 난이도(difficulty)를 나타낸다.

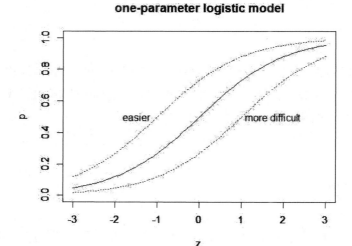

그림 1. 1-모수 로지스틱 모형 (Rasch 모형)

- β_j가 큰 문항에서는 작은 문항에 비해 수험자가 답을 맞힐 확률이 작다.
- 제약적인 Rasch 모형에서는 공통 변별도 α가 1로 고정된다.

□ **2-모수 로지스틱 모형 (two-parameter logistic model)**

학업능력 z의 수험자가 문항 j에서 답을 맞힐 확률 $p_j(z)$에 대하여

$$\log_e \frac{p_j(z)}{1 - p_j(z)} = \alpha_j(z - \beta_j) \tag{2}$$

를 가정한다. 그림 2를 보라. 이 모형에서

- $\alpha_1, \cdots, \alpha_p\,(>0)$는 p개 문항 각각의 변별도(discrimination)를 나타내고
- $\beta_1, \cdots, \beta_p$는 p개 문항 각각의 난이도(difficulty)를 나타낸다.

따라서 모형 (1)은 모형 (2)에서 $\alpha_1 = \cdots = \alpha_p\,(=\alpha)$인 경우이다.

- α_j가 클수록 학업능력 z값에 따른 정답률 탄력성이 커진다. 즉, 변별도가 큰 문항에서는 학업능력의 차이가 정답률에 큰 차이로 반영된다. 그러나

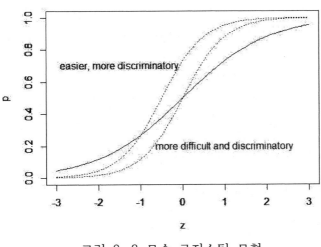

그림 2. 2-모수 로지스틱 모형

변별도가 낮은 문항에서는 학업능력의 차이가 정답률의 작은 차이로 반영된다.

□ 3-모수 로지스틱 모형 (three-parameter logistic model)

학업능력 z의 수험자가 문항 j에서 답을 맞힐 확률 $p_j(z)$에 대하여

$$p_j(z) = \gamma_j + (1 - \gamma_j) \frac{\exp\{\alpha_j(z - \beta_j)\}}{1 + \exp\{\alpha_j(z - \beta_j)\}} \tag{3}$$

를 가정한다. 이 모형에서

- $\alpha_1, \cdots, \alpha_p\,(> 0)$는 p개 문항 각각의 변별도(discrimination)를,
- $\beta_1, \cdots, \beta_p$는 p개 문항 각각의 난이도(difficulty)를,
- $\gamma_1, \cdots, \gamma_p$는 p개 문항 각각의 추측도(guessing)를 나타낸다 $(0 \leq \gamma_j < 1)$.

- 모형 (2)는 모형 (3)에서 $\gamma_1 = \cdots = \gamma_p = 0$인 경우이다.

- 이 방법은 수치적으로 불안정한 경우가 있다.

----

2. 조건부 독립성 가정과 주변최대가능도추정

1절의 모형들은 잠재변수 z를 포함하고 있어 적합이 쉽지 않다. 이것은 조건부 독립성 가정과 주변 최대가능도 추정(MMLE, marginal maximum likelihood estimation)으로 해결된다.

- 조건부 독립성 가정(conditional independence assumption):
$$p(\boldsymbol{x} \mid z ; \theta) = \prod_{j=1}^{p} p(x_j \mid z ; \theta).$$
즉, z에 조건화하여 개체의 p개 문항의 반응 $x_1, \cdots, x_p$는 독립이다.

- 주변가능도(marginal likelihood): 관측 $\boldsymbol{x}$에 대하여
$$p(\boldsymbol{x} ; \theta) = \int_{-\infty}^{\infty} p(\boldsymbol{x} \mid z ; \theta) \, p(z) \, dz .$$

■ 적분은 수치적으로 계산 된다 (Gauss-Hermite quadrature rule).

- 총 주변가능도의 최대화(maximization of total marginal likelihood):
$$\max_{\theta} \prod_{i=1}^{n} p(\boldsymbol{x}_i ; \theta), \quad \text{즉} \ \max_{\theta} \sum_{i=1}^{n} \log_e p(\boldsymbol{x}_i ; \theta)$$
로써 θ에 대한 추정치를 구한다. 이를 MMLE라고 한다.

■ 최대화는 R optim( ) 함수의 BFGS 알고리즘으로 한다.

이제 남은 문제는 잠재특성(학업능력) $z_1, \cdots, z_n$을 산출해내는 것이다. z의 조건부 확률밀도가

$$p(z \mid \boldsymbol{x} ; \theta) = \frac{p(\boldsymbol{x} \mid z ; \theta) \, p(z)}{p(\boldsymbol{x} ; \theta)}$$

이므로 조건부 기대값을

$$\tilde{z}_i := \int_{-\infty}^{\infty} z \, p(z \mid \boldsymbol{x}_i ; \theta) \, dz, \quad i = 1, \cdots, n$$

으로 구한다. 이렇게 산출된 잠재특성(학업능력) $\tilde{z}_1, \cdots, \tilde{z}_n$의 분포는 커널밀도추정방법으로 살펴볼 수 있다 (R의 density( ) 함수를 활용).

3. 사례분석: LSAT 자료

LSAT {ltm} 자료는 5개 문항 시험지에 대한 채점 결과이다 (1000명). ltm 팩키지에서 descript( ) 함수로 자료기술을 한다.

☐ One-parameter Logistic Model

```
> library(ltm)
> data(LSAT)
> descript(LSAT)
```

```
Descriptive statistics for the 'LSAT' data-set
Sample: 5 items and 1000 sample units; 0 missing values
```

```
Proportions for each level of response:
           0     1  logit
Item 1 0.076 0.924 2.4980
Item 2 0.291 0.709 0.8905
Item 3 0.447 0.553 0.2128
Item 4 0.237 0.763 1.1692
Item 5 0.130 0.870 1.9010
```

문항별 정답률을 볼 수 있다.

```
Frequencies of total scores:
    0  1  2   3   4   5
Freq 3 20 85 237 357 298
```

총 점수의 분포

```
Point Biserial correlation with Total Score:
       Included Excluded
Item 1   0.3618   0.1128
Item 2   0.5665   0.1531
Item 3   0.6181   0.1727
Item 4   0.5342   0.1444
Item 5   0.4351   0.1215
```

각 문항과 총 점수 (문항 포함, 문항 제외) 간 상관이 제시되어 있다. 각 문항은 이항형이고 총 점수는 연속형으로 간주된다.

```
Cronbach's alpha:
              value
All Items    0.2950
```

크론바흐의 알파 신뢰도

Excluding Item 1 0.2754

Excluding Item 2 0.2376

Excluding Item 3 0.2168

Excluding Item 4 0.2459

Excluding Item 5 0.2663

각 문항이 제외되는 경우의 알파 신뢰도

rasch( ) 함수로써 1-모수 로지스틱 모형을 적합하여 보자.

```
> summary(rasch(LSAT))
```

Model Summary:

    log.Lik   AIC   BIC

-2466.938 4945.875 4975.322

아카이케 정보량기준 AIC는 작을 수록 좋다.

Coefficients:

	value	std.err	z.vals
Dffclt.Item 1	-3.6153	0.3266	-11.0680
Dffclt.Item 2	-1.3224	0.1422	-9.3009
Dffclt.Item 3	-0.3176	0.0977	-3.2518
Dffclt.Item 4	-1.7301	0.1691	-10.2290
Dffclt.Item 5	-2.7802	0.2510	-11.0743
Dscrmn	0.7551	0.0694	10.8757

난이도 파라미터 β_j들

변별도 파라미터 α (공통값)

Integration:

method: Gauss-Hermite

quadrature points: 21

Optimization:

quasi-Newton: BFGS

Convergence: 0

max(|grad|): 2.5e-05

* 이 절의 실습파일: ltm_demo.r

> plot(rasch(LSAT))

문항특성곡선: (학업능력, 정답률)

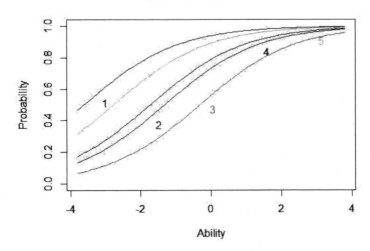

> plot(factor.scores(rasch(LSAT)))

학업능력(잠재특성) z의 분포

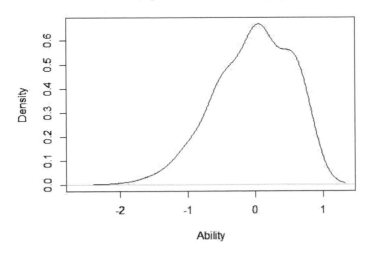

☐ Two-parameter Logistic Model

2-모수 로지스틱 모형은 ltm( ) 함수로 할 수 있다.

> summary(ltm(LSAT ~ z1))

Model Summary:
   log.Lik   AIC   BIC
 -2466.653 4953.307 5002.384

Coefficients:
                value std.err   z.vals
Dffclt.Item 1 -3.3597 0.8669 -3.8754
Dffclt.Item 2 -1.3696 0.3073 -4.4565
Dffclt.Item 3 -0.2799 0.0997 -2.8083
Dffclt.Item 4 -1.8659 0.4341 -4.2982
Dffclt.Item 5 -3.1236 0.8700 -3.5904
Dscrmn.Item 1   0.8254 0.2581   3.1983
Dscrmn.Item 2   0.7229 0.1867   3.8721
Dscrmn.Item 3   0.8905 0.2326   3.8281
Dscrmn.Item 4   0.6886 0.1852   3.7186
Dscrmn.Item 5   0.6575 0.2100   3.1306

> 난이도 파라미터 β_j들
>
> 변별도 파라미터 α_j들

Integration:
method: Gauss-Hermite
quadrature points: 21

Optimization:
Convergence: 0
max(¦grad¦): 0.024
quasi-Newton: BFGS

> plot(ltm(LSAT~z1))

문항특성곡선: (학업능력, 정답률)

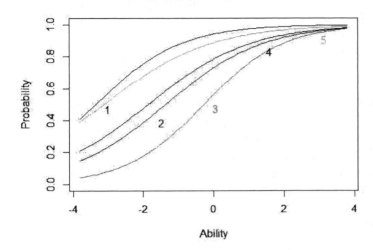

> plot(factor.scores(ltm(LSAT ~ z1)))

학업능력(잠재특성) z의 분포

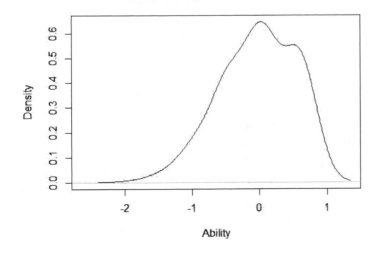

☐ Three-parameter Logistic Model: Example

```
> summary(tpm(LSAT ~ z1, type="rasch"))
```

type="rasch"를 쓰면 변별도 파
라미터가 공통으로 잡힌다.

```
Model Summary:
   log.Lik     AIC      BIC
 -2466.731 4955.461 5009.447
```

```
Coefficients:
                  value std.err  z.vals
Gussng.Item 1    0.0830  0.8652  0.0959
Gussng.Item 2    0.1962  0.3545  0.5535
Gussng.Item 3    0.0081  0.0817  0.0994
Gussng.Item 4    0.2565  0.4776  0.5372
Gussng.Item 5    0.4957  0.4839  1.0242
Dffclt.Item 1   -3.1765  1.5090 -2.1050
Dffclt.Item 2   -0.7723  1.0281 -0.7513
Dffclt.Item 3   -0.2707  0.2375 -1.1395
Dffclt.Item 4   -1.0332  1.4031 -0.7364
Dffclt.Item 5   -1.4332  1.9055 -0.7521
Dscrmn           0.8459  0.1851  4.5711
```

추측도 파라미터 γ_j들

난이도 파라미터 β_j들

변별도 파라미터 α (공통값)

```
Integration:
method: Gauss-Hermite
quadrature points: 21
```

```
Optimization:
Optimizer: optim (BFGS)
Convergence: 0
max(|grad|): 0.073
```

```
> coef(tpm(LSAT, type="rasch"))

         Gussng      Dffclt    Dscrmn
Item 1 0.082989046 -3.1765202 0.8459125
Item 2 0.196202302 -0.7723405 0.8459125
Item 3 0.008120054 -0.2706979 0.8459125
Item 4 0.256544273 -1.0332213 0.8459125
Item 5 0.495652119 -1.4331902 0.8459125
```

| 추측도 | 난이도 | 변별도 |

```
> plot(tpm(LSAT, type="rasch"))
```

문항특성곡선: (학업능력, 정답률)

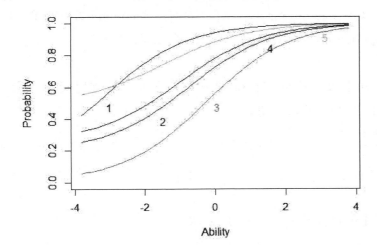

```
> plot(factor.scores(tpm(LSAT, type="rasch")))
```

학업능력(잠재특성) z의 분포

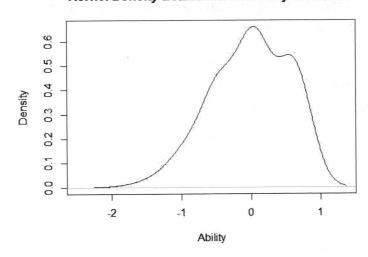

----

4. 순서다항형 응답

이상의 IRT(문항반응이론) 모형들은 이항형 응답 자료를 대상으로 하였다. 문항반응이 순서다항형(ordinal polytomous type)인 경우에는 Samejima의 등급화 응답 모형(graded response model, GRM)을 적용할 수 있다.

항목 j에 K_j개의 응답이 있고 순서형이라고 하자 (즉, 항목 j의 응답 변수 x_j는 $1, 2, \cdots, K_j$ 중 하나). 이 때, GRM 모형은

$$\log_e \frac{P\{x_j > k \mid z\}}{P\{x_j \leq k \mid z\}} = \alpha_j (z - \beta_{jk}), \quad k = 1, \cdots, K_j - 1, \ j = 1, \cdots, p$$

로 설정된다. 여기서 $\beta_{j1} < \cdots < \beta_{jk} < \cdots < \beta_{j, K_j - 1}$ 이다.

GRM 분석은 ltm 팩키지의 grm( ) 함수로 할 수 있다.

5. 응용

이상에서는 문항반응이론을 시험지 평가에 적용하였고 그런 경우에서는 학업능력(academic ability)이 비관측 특성인 잠재변수(latent variable)였다. 다른 분야에서 잠재변수의 예로는 다음과 같은 것들이 있다.

- 지능(intelligence; 심리학),
- 인종적 편견(racial prejudice; 사회심리학),
- 정치적 태도(political attitude; 정치학),
- 소비자 선호(consumer preference; 마케팅).

참고자료

Rizopoulos, D. (2006). "ltm: An R Package for Latent Variable Modeling and Item Response Theory Analyses". Journal of Statistical Software, Vol. 17, Issue 5.

부록. SPSS의 활용

데이터 파일 열기: LSAT.sav (1000개 줄, 5개 변수)

	Item_1	Item_2	Item_3	Item_4	Item_5
1	0	0	0	0	0
2	0	0	0	0	0
3	0	0	0	0	0
4	0	0	0	0	1
5	0	0	0	0	1
6	0	0	0	0	1
7	0	0	0	0	1
8	0	0	0	0	1
9	0	0	0	0	1
10	0	0	0	1	0
11	0	0	0	1	0
12	0	0	0	1	1
13	0	0	0	1	1
14	0	0	0	1	1
15	0	0	0	1	1
16	0	0	0	1	1
17	0	0	0	1	1
18	0	0	0	1	1
19	0	0	0	1	1
20	0	0	0	1	1

SPSS 23에서는 3-모수 로지스틱 모형을 제공하고 있으며 분석 절차는 다음과 같다.

Analyze ▶ Scale ▶ Item Response Model

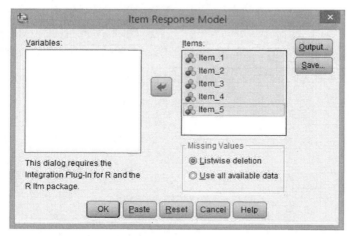

- Items: 분석 대상이 되는 변수를 지정한다.
- Missing Values: 결측값 처리 방법을 지정한다.

  Listwise delection: 결측값을 포함하고 있는 행을 분석에서 제외한다.

  Use all available data: 사용 가능한 모든 데이터를 사용한다.

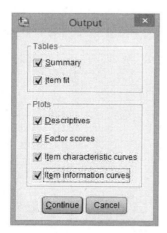

- Summary: 모형의 요약 정보를 출력해준다.
- Item fit: 모형에 의해 기대되는 피험자들의 반응과 실제 관찰된 피험자들의 반응 사이의 차이가 유의한지를 확인할 수 있는 카이제곱값과 유의확률을 출력해준다.

- Descriptives: 기술통계 도표를 출력해준다.
- Factor scores: 피험자 모수를 나타내는 요인 점수의 분포를 Kernel 밀도를 이용하여 추정한 도표가 출력된다.
- Item characteristic curves: 문항특성곡선을 출력해준다.
- Item information curves: 문항정보곡선을 출력해준다.

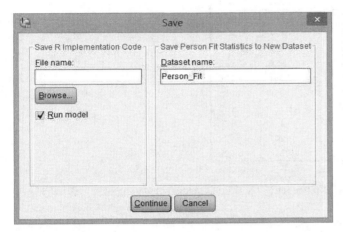

- 피험자 적합도 통계량 정보를 저장할 데이터셋 이름을 지정한다.

출력:

Summary

	Value
Akaike Information Criterion (AIC)	4963.319
Bayesian Information Criterion (BIC)	5036.935

- AIC와 BIC가 출력된다.

Coefficients

Parameter	Item	Statistic		
		Value	Standard Error	Z
Guessing	Item_1	.037	.865	.043
	Item_2	.078	2.528	.031
	Item_3	.012	.281	.042
	Item_4	.035	.577	.061
	Item_5	.053	1.560	.034
Difficulty	Item_1	-3.296	1.779	-1.853
	Item_2	-1.145	7.517	-.152
	Item_3	-.249	.753	-.331
	Item_4	-1.766	1.616	-1.093
	Item_5	-2.990	4.061	-.736
Discrimination	Item_1	.829	.288	2.880
	Item_2	.760	1.377	.552
	Item_3	.902	.419	2.152
	Item_4	.701	.257	2.722
	Item_5	.666	.328	2.028

- 추측도(Guessing), 난이도(Difficulty), 변별도(Discrimination) 값이 출력된다.

Item Fit Statistics

	Chi-square	Sig.
Item_1	277.401	.000
Item_2	251.312	.000
Item_3	436.773	.000
Item_4	216.186	.000
Item_5	400.181	.000

- 5개 문항 모두 모형에 의해 기대되는 피험자들의 반응과 실제로 자료에서 관찰되는 피험자들의 반응 사이에서 차이가 유의($p < 0.000$)하게 나타난다.

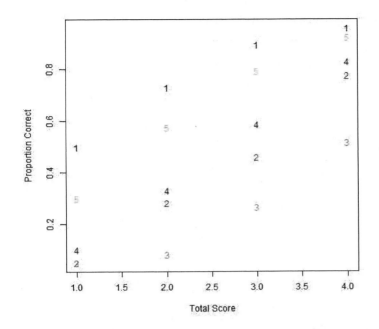

- 총점 수준에 따른 각 문항의 정답률을 도표 형태로 나타내는 기술통계 도표가 출력된다.

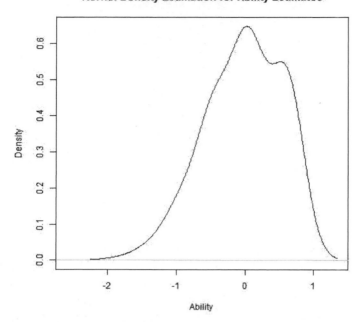

- 학업능력(잠재특성)의 분포를 나타내는 도표가 출력된다.

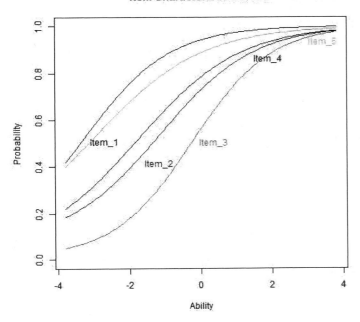

- 문항특성곡선이 출력된다. 정답 확률인 y축의 0.5 값을 기준으로 보았을 때, Item1이 전체 문항 중에서 가장 쉬운 문항이며 Item 3이 전체 문항 중에서 가장 어려운 문항인 것으로 나타난다.

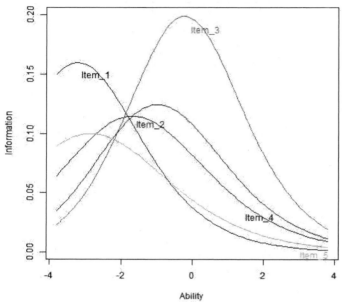

- 문항정보곡선이 출력된다. 정보함수가 높을수록 피험자의 능력이 정확하게 측
  정된 것이라고 할 수 있다.

L0	Lz	p_Lz	obs	exp	fscores	fscores_se	residuals
-4.12	-1.28	.10	3	2.23	-1.87	.79	.52
-3.85	-.97	.17	6	5.82	-1.46	.79	.08
-4.69	-1.91	.03	2	2.58	-1.45	.79	-.36
-3.96	-1.15	.12	11	8.94	-1.03	.80	.69
-6.16	-3.53	.00	1	.70	-1.33	.80	.36
-5.31	-2.56	.01	1	2.63	-.91	.80	-1.00
-6.13	-3.40	.00	3	1.19	-.89	.80	1.67
-4.81	-2.07	.02	4	5.97	-.46	.81	-.81
-5.04	-2.30	.01	1	1.86	-1.44	.80	-.63
-4.31	-1.52	.06	8	6.46	-1.02	.80	.61
-3.93	-1.21	.11	16	13.58	-.57	.81	.66
-5.14	-2.38	.01	3	4.37	-.44	.81	-.66
-5.93	-3.12	.00	2	2.00	-.42	.82	.00
-4.09	-1.49	.07	15	13.91	.03	.83	.29
-3.51	-.61	.27	10	9.44	-1.36	.79	.18
-2.69	.15	.56	29	34.66	-.95	.80	-.96
-3.51	-.70	.24	14	15.61	-.93	.80	-.41
-2.23	.40	.66	81	76.69	-.50	.81	.49
-4.83	-2.07	.02	3	4.68	-.80	.80	-.78
-3.41	-.77	.22	28	25.04	-.37	.81	.59
-4.20	-1.51	.07	15	11.48	-.35	.81	1.04
-2.30	.02	.51	80	83.34	.09	.83	-.37
-3.86	-1.06	.14	16	11.29	-.91	.80	1.40
-2.56	.08	.53	56	56.13	-.48	.81	-.02
-3.36	-.69	.25	21	25.65	-.46	.81	-.92
-1.57	.71	.76	173	173.19	-.02	.83	-.01
-4.52	-1.81	.04	11	8.45	-.33	.82	.88
-2.59	-.24	.40	61	62.39	.12	.83	-.18
-3.35	-.90	.18	28	29.07	.14	.83	-.20
-.87	.85	.80	298	296.89	.61	.85	.06

- 피험자 적합도 통계량 값이 데이터셋에 저장된다.

10장. GARCH 모형 generalized autoregressive conditional heteroscedasticity models

ARIMA (자기회귀누적이동평균 autoregressive integrated moving average) 모형은 차분(differencing)으로 정상화(stationary)된 시계열에 대하여 고정 변동성을 가정한다. 어떤 시계열에서는 큰 (작은) 변동성이 뭉쳐 발생하므로 그런 시계열에는 ARIMA 모형이 적당하지 않다. 이 장에서 다루려는 GARCH 모형은 가까운 과거 시점에 조건화하여 현재 시점의 변동성이 달라지는 상황에 적용된다. R의 rugarch 팩키지를 활용할 것이다.

1. ARCH(1) 모형과 확장

시계열이 다음과 같이 생성되는 경우, $\{a_t\}$가 ARCH(1) 모형을 따른다고 한다.

$$a_t = \sqrt{\omega + \alpha_1 a_{t-1}^2}\, \epsilon_t \ , \ \ \omega > 0, \ 0 < \alpha_1 < 1.$$

여기서 $\epsilon_1, \epsilon_2, \cdots$ 은 가우스 백색 잡음(Gaussian white noise), 즉 i.i.d. $N(0,1)$ 이다.[1] 조건부 분산 $\sigma_t^2 = Var\,(a_t \mid a_{t-1}, a_{t-2}, \cdots\,)$이 다음으로 결정된다.

$$\sigma_t^2 = \omega + \alpha_1 a_{t-1}^2.$$

이것은 전항 a_{t-1}의 절댓값이 큰 경우 현시점의 a_t가 크게 변동하는 구조임을 의미한다. 반대로 전항의 절댓값이 작은 경우에는 현재 항이 작게 변동한다.[2]

그런 이유로 이런 모형을 AutoRegressive Conditional Heteroscedasticity (ARCH), 즉 '자기회귀 조건부 이(異)분산' 모형이라고 한다.

---

1) w 는 오메가(omega)로 읽는다. "i.i.d."는 <u>independently identically distributed</u>의 머리글자로 독립적으로 동일 분포를 따름을 표기한다.
2) 변동성(variability)의 지표가 분산이다. 수리금융에서는 변동성을 'volatility'라고 한다.

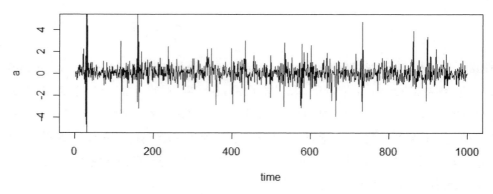

그림 1. ARCH(1) 모형에서의 모의생성

그림 1은 $\omega = 0.2$, $\alpha_1 = 0.8$인 ARCH(1) 모형으로부터의 시뮬레이션을 보여준다 (시계열의 길이 $n = 1000$). 시계열이 한 번 떨리면 연이은 여러 시점에 걸쳐 지속되는 현상이 보인다.

ARCH(1) 모형은 차수를 높여 다음과 같이 ARCH(p) 모형으로 확장된다.[3]

$$a_t = \sqrt{\omega + \sum_{j=1}^{p} \alpha_j a_{t-j}^2}\; \epsilon_t, \quad \omega > 0,\; 0 < \alpha_j < 1.$$

여기서 $\epsilon_1, \epsilon_2, \cdots$ 은 가우스 백색 잡음(Gaussian white noise)이다. a_t의 조건부 분산은

$$\sigma_t^2 = \omega + \sum_{j=1}^{p} \alpha_j a_{t-j}^2$$

로 결정된다. 자기회귀 계수 $\alpha_1, \cdots, \alpha_p$는 $\sum_{j=1}^{p} \alpha_j < 1$ 여야 한다.

그림 2는 $\omega = 0.2$, $\alpha_1 = 0.6$, $\alpha_2 = 0.3$인 ARCH(2) 모형으로부터의 시뮬레이션을 보여준다 ($n = 1000$). 외견상으로는 ARCH(1)과 잘 구별되지 않는다.

----

3) 어떤 교재에서는 AR의 차수를 q로 표기한다. 즉 ARCH(p) 대신 ARCH(q)를 쓴다.

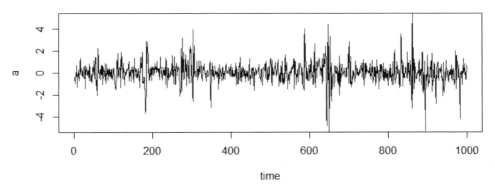

그림 2. ARCH(2) 모형에서의 모의생성

ARCH(p) 모형은 다음의 모형으로 확장된다. 이 모형을 GARCH(p, q)라고 한다.[4]

$$a_t = \sqrt{\omega + \sum_{j=1}^{p} \alpha_j a_{t-j}^2 + \sum_{k=1}^{q} \beta_k \sigma_{t-k}^2} \; \epsilon_t \; .$$

여기서 $\epsilon_1, \epsilon_2, \cdots$ 은 가우스 백색 잡음(Gaussian white noise)이고 계수들은

$$\omega > 0, \; 0 < \alpha_j < 1, \; 0 < \beta_k < 1, \; \sum_{i=1}^{p} \alpha_j + \sum_{k=1}^{q} \beta_k < 1$$

여야 한다. a_t의 조건부 분산은

$$\sigma_t^2 = \omega + \sum_{j=1}^{p} \alpha_j a_{t-j}^2 + \sum_{k=1}^{q} \beta_k \sigma_{t-k}^2$$

로 결정된다.

일반화의 종결 판은 ARIMA(p_A, d, q_A)/GARCH(p_G, q_G) 모형이다. 정의는 다음과 같다. 시계열 $\{y_t\}$에 대하여

$$\Phi(B)(I - B)^d y_t = \mu + \Theta(B) a_t,$$

---

4) 이 모형을 GARCH(q, p) 모형으로 칭하는 교재들도 있으므로 주의를 요한다.

여기서 B는 후향 연산자이고 (즉 $d = 1$인 경우 $(I - B)^d y_t = y_t - y_{t-1}$)

$$\Phi(B) = 1 - \phi_1 B - \cdots - \phi_{p_A} B^{p_A},$$

$$\Theta(B) = 1 + \theta_1 B + \cdots + \theta_{q_A} B^{q_A}$$

이다. 그리고 $\{a_t\}$가 GARCH(p_G, q_G)이다.

모형의 적합은 최대가능도 추정으로 한다. 여기서는 이에 대하여 다루지 않는다.

2. 사례: Standard and Poors 500 Closing Value Log Return

그림 3의 시계열 플롯은 S&P 500 지수 종가의 로그 차분(Standard and Poors 500 index closing value log return)의 1987년 3월 10일부터 2009년 1월 30일까지 5523일 간)에 대한 것이다.[5] 자료는 R rugarch 팩키지에 포함되어 있다.

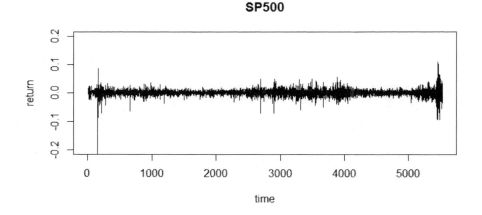

그림 3. S&P 500 종가의 log return

---

5) $\{x_t\}$을 원 지수라고 할 때, $\log x_t$의 차분은
$$\log_e x_t - \log_e x_{t-1} = \log_e (x_t / x_{t-1}) = \log_e (1 + (x_t - x_{t-1})/x_{t-1}) \simeq (x_t - x_{t-1})/x_{t-1},$$
즉 수익률의 상대적 차분이 된다.

다음은 자료를 불러오고 구조를 보고 시계열도표를 그리는 R 스크립트이다.

```
library(rugarch)
data(sp500ret)
str(sp500ret)
plot(sp500ret$SP500RET, type="l", xlab="time", ylab="return",
    ylim=c(-0.2,0.2), main="SP500")
```

R rugarch 팩키지에서 ARIMA/GARCH 모형의 차수는 ugarchspec( )에서 선언된다. 디폴트는 ARIMA(1,0,1)/GARCH(1,1)이다. 모형적합은 ugarchfit( )으로 하고 결과는 show( )를 써서 본다.

```
spec <- ugarchspec( )
fit <- ugarchfit(spec = spec, data = sp500ret)
show(fit)
```

출력은 다음과 같다.

```
*           GARCH Model Fit           *

Conditional Variance Dynamics
------------------------------------
GARCH Model    : sGARCH(1,1)
Mean Model     : ARFIMA(1,0,1)
Distribution   : norm
```

> standard GARCH임을 의미한다.
> ARIMA로 간주된다.
> 정규분포

```
Optimal Parameters
------------------------------------
        Estimate  Std. Error  t value  Pr(>|t|)
mu      0.000523  0.000087    5.9907   0.0000
ar1     0.870134  0.072199   12.0518   0.0000
ma1    -0.897344  0.064634  -13.8834   0.0000
omega   0.000001  0.000001    1.3970   0.1624
alpha1  0.087715  0.013659    6.4219   0.0000
beta1   0.904935  0.013705   66.0292   0.0000
```

$$= \mu$$
$$= \phi_1$$
$$= \theta_1$$
$$= \omega$$
$$= \alpha_1$$
$$= \beta_1$$

```
LogLikelihood : 17902.41
```

Information Criteria

Akaike	-6.4807
Bayes	-6.4735
Shibata	-6.4807
Hannan-Quinn	-6.4782

> 이 아카이케는 표본크기 n으로 나뉜 값으로 제시된다.

Weighted Ljung-Box Test on Standardized Residuals
----

	statistic	p-value
Lag[1]	5.548	1.850e-02
Lag[2*(p+q)+(p+q)-1][5]	6.439	1.252e-05
Lag[4*(p+q)+(p+q)-1][9]	7.196	1.104e-01
d.o.f=2		
H0 : No serial correlation		

> 이 Ljung-Box 검정은 표준화 잔차 $\hat{\epsilon}_t$ 의 계열 상관성을 테스트한다.
> 이 사례에서는 계열 상관성이 유의한 것으로 나타났다.

Weighted Ljung-Box Test on Standardized Squared Residuals
----

	statistic	p-value
Lag[1]	1.104	0.2933
Lag[2*(p+q)+(p+q)-1][5]	1.499	0.7403
Lag[4*(p+q)+(p+q)-1][9]	1.957	0.9100
d.o.f=2		

> 이 Ljung-Box 검정은 제곱 표준화 잔차 $\hat{\epsilon}_t^2$ 의 계열 상관성을 테스트한다.
> 이 사례에서는 계열 상관성이 유의하지 않은 것으로 나타났다. 따라서
> GARCH 모형의 차수는 적절한 것으로 보인다.

이후 출력은 생략한다.

Weighted ARCH LM Tests

	Statistic	Shape	Scale	P-Value
ARCH Lag[3]	0.01978	0.500	2.000	0.8882
ARCH Lag[5]	0.17495	1.440	1.667	0.9713
ARCH Lag[7]	0.53656	2.315	1.543	0.9750

ARCH LM 검정은 Ljung-Box 검정과 유사하다. 적합모형으로부터의 잔차가 백색잡음인가를 검토한다.

Nyblom stability test

Joint Statistic: 174.2204
Individual Statistics:
mu   0.2060
ar1   0.1477
ma1   0.1047
omega   21.3472
alpha1   0.1346
beta1   0.1134

Nyblom stability test (안정성 검정)은 모형계수가 시점이 관계없이 일정한가를 검토한다. 아래에 제시된 임계값을 벗어나는 경우 모형계수가 변하는 것으로 볼 수 있다. 이 사례에서는 omega (=ω)의 변화가 탐지되었다.

Asymptotic Critical Values (10% 5% 1%)
Joint Statistic: 1.49 1.68 2.12
Individual Statistic: 0.35 0.47 0.75

Sign Bias Test

----

	t-value	prob sig
Sign Bias	0.4296	6.675e-01
Negative Sign Bias	2.9492	3.199e-03 ***
Positive Sign Bias	2.3921	1.678e-02 **
Joint Effect	28.9841	2.257e-06 ***

sign bias test는 제곱 표준화잔차가 잔차의 부호와 관련이 있는가를 검토하여 알려준다.

Adjusted Pearson Goodness-of-Fit Test:

----

group	statistic	p-value(g-1)
1	20	178.6	5.738e-28
2	30	188.1	3.136e-25
3	40	217.8	1.084e-26
4	50	227.9	7.064e-25

피어슨 적합도 검정으로 잔차가 그것의 준거 분포를 벗어나는가를 검토하여 알려준다.

ARIMA/GARCH 모형의 차수를 디폴트와 다르게 설정할 필요가 있는 경우는
ugarchspec( )에서 armaOrder와 garchOrder의 값을 지정해 넣는다. 다음은
ARIMA(1,0,1)/GARCH(2,1)의 예이다.

```
spec.1 <- ugarchspec(
        variance.model = list(model = "sGARCH", garchOrder = c(2,1)),
        mean.model = list(armaOrder = c(1,1)),
        distribution.model = "norm")
fit.1 <- ugarchfit(spec = spec.1, data = sp500ret)
show(fit.1)
```

다음은 일부 출력이다.

```
*            GARCH Model Fit            *

Conditional Variance Dynamics
-----------------------------------
GARCH Model      : sGARCH(2,1)
Mean Model       : ARFIMA(1,0,1)
Distribution     : norm

Optimal Parameters
-----------------------------------
        Estimate  Std. Error   t value  Pr(>|t|)
mu      0.000523    0.000087   6.042254   0.00000
ar1     0.871073    0.071126  12.246927   0.00000
ma1    -0.898387    0.063484 -14.151336   0.00000
omega   0.000001    0.000001   1.356791   0.17485
alpha1  0.087656    0.012240   7.161320   0.00000
alpha2  0.000020    0.015219   0.001315   0.99895
beta1   0.905019    0.016892  53.576347   0.00000
```

$$= \mu$$
$$= \phi_1$$
$$= \theta_1$$
$$= \omega$$
$$= \alpha_1$$
$$= \alpha_2$$
$$= \beta_1$$

```
LogLikelihood : 17902.38
```

새로 추가된 파라미터 α_2의 추정치가 전혀 유의하지 않은 것으로 나타났다.

```
Information Criteria
------------------------------------
Akaike         -6.4803
Bayes          -6.4719
Shibata        -6.4803
Hannan-Quinn   -6.4774
```

> AIC와 BIC가 앞의 ARIMA(1,0,1)/GARCH(1,1) 모형만 못하다.

ARIMA/GARCH 모형의 대상이 시계열 자료이니만큼 모형화의 궁극적 목표는 예측에 있다. 다음은 붓스트랩 방법으로 예측 시뮬레이션을 하는 R 스크립트이다. `ugarchboot( )`가 사용되었다.

```
bootp <- ugarchboot(fit, method = c("Partial", "Full")[1],
                    n.ahead = 100, n.bootpred = 100)
show(bootp)
plot(bootp)
```

다음이 붓스트랩 출력이고 그림 4와 그림 5는 각각 시계열과 변동에 대한 예측값 계열을 보여준다. 시간단위는 일(day)이다.

```
*       GARCH Bootstrap Forecast        *

Model : sGARCH
n.ahead : 100
Bootstrap method:  partial
Date (T[0]): 2009-01-30

Series (summary):
          min      q.25       mean      q.75       max forecast[analytic]
t+1  -0.065679 -0.014622 -0.002596  0.010744  0.050940          0.001663
t+2  -0.066595 -0.015652 -0.000915  0.013384  0.060411          0.001515
t+3  -0.061460 -0.011659 -0.000896  0.010438  0.056942          0.001386
t+4  -0.069573 -0.014373  0.000166  0.015564  0.053011          0.001274
```

```
t+5  -0.075824 -0.016295  0.000210  0.014400  0.060913         0.001176
t+6  -0.095696 -0.014228 -0.002331  0.014212  0.046411         0.001091
t+7  -0.201247 -0.014373 -0.002861  0.013631  0.059895         0.001018
t+8  -0.054035 -0.013151  0.004323  0.021986  0.060020         0.000953
t+9  -0.056624 -0.009349  0.000208  0.014027  0.049294         0.000897
t+10 -0.062722 -0.010545  0.000846  0.012167  0.055411         0.000849

.....................
```

```
Sigma (summary):
         min      q0.25     mean     q0.75      max forecast[analytic]
t+1   0.024793  0.024793  0.024793  0.024793  0.024793         0.024793
t+2   0.023613  0.023694  0.024456  0.024646  0.030909         0.024729
t+3   0.022498  0.022858  0.024322  0.024828  0.032261         0.024665
t+4   0.021503  0.022228  0.024208  0.025528  0.032619         0.024601
t+5   0.020638  0.022447  0.024177  0.025494  0.031863         0.024538
t+6   0.019848  0.021739  0.024018  0.025754  0.031395         0.024475
t+7   0.018976  0.021451  0.024025  0.025966  0.038916         0.024412
t+8   0.018301  0.021226  0.024281  0.026126  0.062880         0.024350
t+9   0.017479  0.020751  0.024066  0.026397  0.059849         0.024288
t+10  0.016670  0.020449  0.023579  0.025397  0.057205         0.024226

.... ............ .......
```

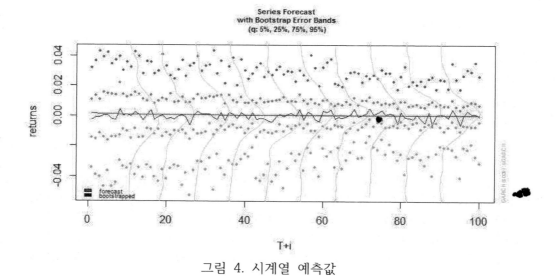

그림 4. 시계열 예측값

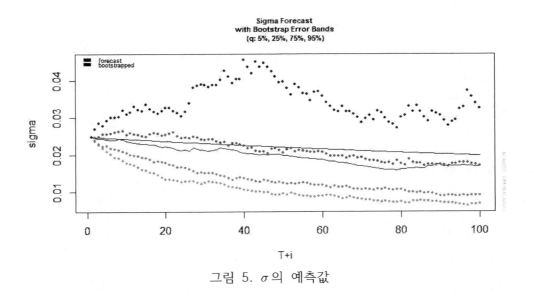

그림 5. σ의 예측값

* 이 절의 실습파일: <u>rugarch sp500ret.r</u>

참고자료

Ghalanos, A. (2014). Introduction to the rugarch package (Version 1.3-1)

Ghalanos, A. (2014). Package rugarch package (Version 1.3-4 manual)

부록. SPSS의 활용

데이터 파일 열기: sp500ret.sav (5523개 줄, 2개 변수)

	time	SP500RET	var
1	1987-03-10	.0088	
2	1987-03-11	-.0019	
3	1987-03-12	.0031	
4	1987-03-13	-.0046	
5	1987-03-16	-.0057	
6	1987-03-17	.0146	
7	1987-03-18	.0011	
8	1987-03-19	.0044	
9	1987-03-20	.0138	
10	1987-03-23	.0100	
11	1987-03-24	.0016	
12	1987-03-25	-.0042	
13	1987-03-26	.0018	
14	1987-03-27	-.0161	
15	1987-03-30	-.0237	
16	1987-03-31	.0086	

Analyze ▶ Forecasting ▶ GARCH Models

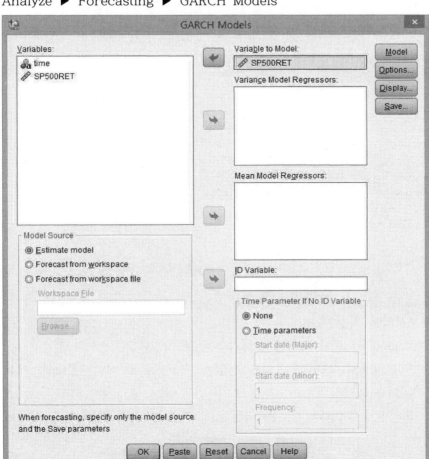

- GARCH 모형을 추정하고, 추정된 모형으로 예측을 수행할 수 있다.
- Variable to Model: 모형 추정에 사용할 변수를 선택한다.
- Variance Model Regressors: 분산 모형에 영향을 주는 변수를 입력한다.
- Mean Model Regressors: 평균 모형에 영향을 주는 변수를 입력한다.
- ID 혹은 time parameter를 새롭게 생성되는 데이터 세트에 저장되게 할 수 있다.

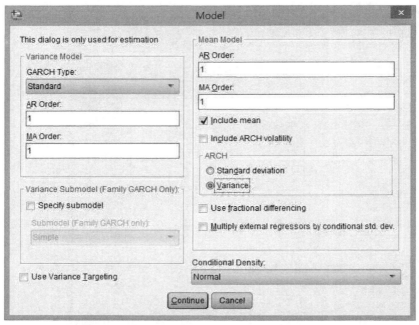

- 모형의 세부사항을 지정한다.
- Variance Model: GARCH 모형의 유형과 차수를 지정한다.
- Variance Submodel: GARCH 모형의 유형을 "Family"로 선택하였다면, 서브 모형을 지정할 수 있다.
- Mean Model: 평균 모형의 차수를 지정하고, 기타 필요에 따라 선택 박스에 체크한다.

* GARCH Type:

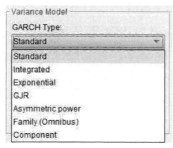

- GARCH Types에 대하여는 A. Ghalanos (2014)의 웹 문서 "Introduction to the rugarch package"와 Wikipedia 참조.

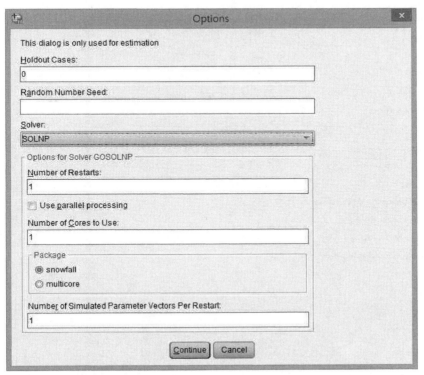

- 모형 추정을 위한 다양한 설정을 제공한다.
- Holdout Cases: 데이터의 뒤에서부터 몇 개의 케이스를 모형 추정에서 제외할 것인지를 입력한다.
- Random Number Seed: 같은 데이터로 분석을 재수행할 때, 같은 결과값을 얻기 위하여 설정한다.
- 수치 계산에 사용되는 Solver는 "SOLNP"로 하는 것을 추천한다.

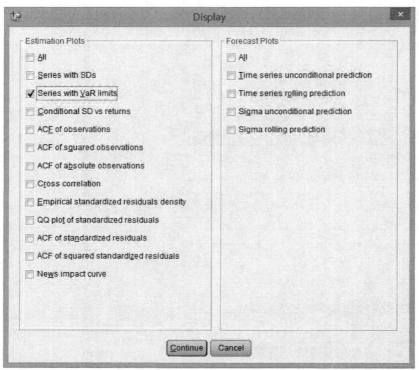

- 출력할 도표를 선택한다.
- VaR은 "value at risk"의 약어로 1% 극단 분위수로 산출된다.

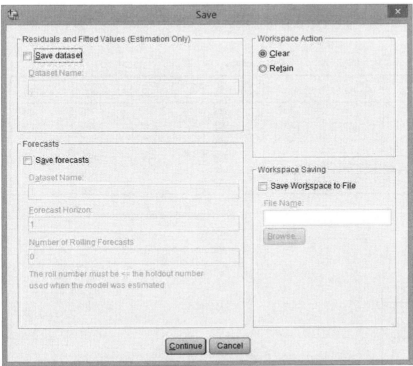

- 출력 데이터 세트와 workspace 파일, 예측값에 대한 저장을 설정한다.

- Residuals and Fitted Values: 적합값과 잔차를 포함하는 데이터 세트를 생성한다.

- Forecasts: 추정된 모형으로부터 예측값을 포함하는 데이터 세트를 생성한다. Forecast Horizon에 예측값의 수를 입력한다.

- 모형을 예측에 재사용하기 위해 workspace에 임시로 저장하거나 파일로 저장할 수 있다.

출력:

Coefficients

	Estimate	Std. Error	t	Sig.	Robust Std. Error	Robust t	Robust Sig.
mu	.001	.000	5.995	.000	.000	4.018	.000
ar1	.871	.072	12.169	.000	.087	9.966	.000
ma1	-.898	.064	-14.039	.000	.079	-11.305	.000
omega	.000	.000	1.390	.164	.000	.093	.926
alpha1	.088	.014	6.396	.000	.187	.470	.639
beta1	.905	.014	65.759	.000	.192	4.707	.000

- 모형의 차수에 대한 추정값을 볼 수 있다.

Hansen-Nyblom Stability Test

	Statistic
mu	.208
ar1	.148
ma1	.105
omega	21.372
alpha1	.135
beta1	.113
Joint	174.648

Individual Critical
Values: 10% 0.353
5% 0.47 1% 0.748
Joint Critical Values:
10% 1.49 5% 1.68
1% 2.12

- Hansen-Nyblom 안정성 검정 결과, omega가 임계값을 벗어나 모형계수가 시
점에 따라 변하는 것으로 나타났다.

Engle-Ng Sign Bias Test

	t	Sig.
Sign Bias	.420	.674
Negative Sign Bias	2.951	.003
Positive Sign Bias	2.398	.017
Joint Effect	28.960	.000

- 제곱 표준화잔차가 잔차의 부호와 관련이 있는가를 검토한다.

Goodness of Fit Tests

	Bin Size	Statistic	Sig.
1	20.000	179.035	.000
2	30.000	188.206	.000
3	40.000	218.496	.000
4	50.000	227.905	.000
5	100.000	294.002	.000

- 피어슨 적합도 검정 결과를 보여준다.

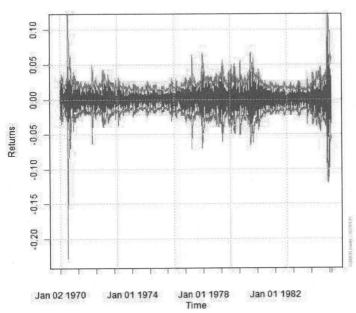

Series with with 1% VaR Limits

- 1% 극단 분위수를 시계열과 함께 나타낸 그래프이다.

11장. 선형계획법 linear and integer programming

선형계획법(linear programming)은 선형 제약 하에서 선형 함수의 최대화(최소화)가 목표인 최적화 문제를 푸는 방법이다. 정수계획법(integer programming)은 변수유형이 정수로 한정된 선형계획법을 지칭한다.

실수형 변수와 정수형 변수가 혼재된 경우가 선형 및 정수 계획법(linear and integer programming)으로 이를 선형계획법으로 줄여 말하기로 한다. 이 장에서는 R의 lpSolveAPI 팩키지를 활용한 선형계획법 풀이를 소개한다.

선형계획법은 생산 및 마케팅 관리 등 계량적 경영 분야에서 활발히 응용된다.

1. 선형계획법

선형계획법은 다음 수학적 최적화에 대한 풀이다.

$$\text{maximize} \quad c^t x \quad \text{subject to} \quad A x \leq b, \ x \geq 0. \qquad (1)$$

여기서 c는 상수 벡터 $(c_1, \cdots, c_p)$이고 x는 변수 벡터 $(x_1, \cdots, x_p)$이다. 그리고 A는 $m \times p$ 계수 행렬, b는 제약값 벡터이다. 풀어쓰면 (1)은 다음과 같다.

$$\begin{aligned}
\text{maximize} \quad & c_1 x_1 + c_2 x_2 + \cdots + c_p x_p \\
\text{subject to} \quad & a_{11} x_1 + a_{12} x_2 + \cdots + a_{1p} x_p \leq b_1, \\
& a_{21} x_1 + a_{22} x_2 + \cdots + a_{2p} x_p \leq b_2, \\
& \qquad\qquad\qquad \vdots \\
& a_{m1} x_1 + a_{m2} x_2 + \cdots + a_{mp} x_p \leq b_m \\
\text{w.r.t.} \quad & x_1 \geq 0, \ x_2 \geq 0, \cdots, \ x_p \geq 0.
\end{aligned}$$

간단한 예를 보자. 소금과 설탕을 원료로 제품 A와 B를 생산하는 업체가 있다고 하자. 제품 A의 1개 당 수익은 8원이고 제품 B의 1개 당 수익은 12원이다.

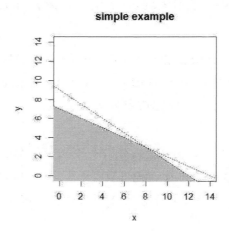

그림 1. 간단한 선형계획법 문제

제품 A를 1개 생산하기 위해서 10그램의 소금과 6그램의 설탕이 필요하고, 제품 B를 1개 생산하기 위해서는 20그램의 소금과 8그램의 설탕이 필요하다고 한다. 그런데 이 업체가 가진 자원은 140그램의 소금과 72그램의 설탕이다. 제품 A와 제품 B를 각각 몇 개 만드는 것이 최적인가?

이를 수식으로 정리해보자. $x \geqq 0$는 A의 제조 수, $y \geqq 0$는 B의 제조 수이다.

- 수익은 $8x + 12y$이다. 이것을 최대화하는 것이 목표이다.

- A를 x개, B를 y개 만들기 위해서는 $10x + 20y$의 소금이 필요하다. 소금 보유량은 140이다. 따라서 $10x + 20y \leqq 140$의 제약이 있다.

- A를 x개, B를 y개 만들기 위해서는 $6x + 8y$의 설탕이 필요하다. 설탕 보유량은 72이다. 따라서 $6x + 8y \leqq 72$의 제약이 있다.

- 따라서 이 최적화 문제는 다음과 같이 정식화된다 ($m = 2$, $p = 2$).

$$\text{maximize} \quad 8x + 12y \quad \text{with respect to } x \geqq 0 \text{ and } y \geqq 0 \tag{2}$$
$$\text{subject to} \quad 10x + 20y \leqq 140,$$
$$6x + 8y \leqq 72.$$

그림 1은 이 정식화 문제에서 제약식을 표현한 그래프이다.

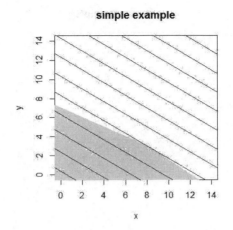

그림 2. 간단한 선형계획법 문제의 풀기

그림 1과 같이 선형계획법의 정식화에서 제약 영역은 볼록 다각형의 형태를 취한다. 목적식 $8x + 12y$의 최대화는 목적식의 값이 최대가 되는 제약 영역 내 점 (x, y)를 찾아내는 것이다.

그림 2은 그림 1에 $8x + 12y = k$를 덧붙인 그래프이다 (k 값이 클수록 그래프에서 위쪽에 있다). 어떤 k로는 $8x + 12y = c$의 궤적이 하늘 색 제약 영역을 통과하지 못한다. 그러나 어떤 k의 궤적선은 하늘 색 영역을 통과한다. 바로 그런 궤적선 가운데 가장 큰 k 값을 찾는 것이 선형계획법이다.

그림 3이 선형계획법이 찾아내는 해이다. 해는 최적화 문제 (2)에서 2개의 제약식인 $10x + 20y \leqq 140$과 $6x + 8y \leqq 72$의 경계에서 나온다. 즉, $x = 8$, $y = 3$이 최적화 문제 (2)에 대한 답이다.

최적화 문제 (2)에서는 변수의 수 p가 2여서 평면 상의 그래프로 풀이가 가능하였지만 p가 3 이상인 경우는 그런 식의 풀이는 어렵다. 선형계획법의 기본은 소위 '심플렉스' 방법으로, 이 방법은 볼록 다각형(= 심플렉스)의 모서리를 따라서 목적식이 최대가 되는 꼭짓점을 찾아낸다. 이에 대한 세부적 설명은 생략한다.

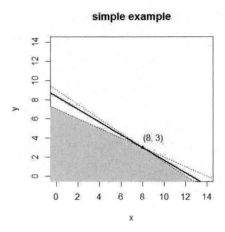

그림 3. 간단한 선형계획법 문제의 해

2. lpSolveAPI 팩키지의 활용

R의 lpSolveAPI 팩키지는 선형계획법의 풀이를 제공한다. 1절의 간단한 예를 위한 스크립트는 다음과 같다.[1]

```
> library(lpSolveAPI)                            # 팩키지 설치가 요구됨
> simple.lp <- make.lp(2,2)                      # m과 p를 지정
> set.column(simple.lp, 1, c(10, 6))            # 행렬 A의 제 1열을 입력
> set.column(simple.lp, 2, c(20, 8))            # 행렬 A의 제 2열을 입력
> set.constr.type(simple.lp, rep("<=", 2))      # 제약의 부등호 유형을 지정
> set.rhs(simple.lp, c(140, 72))                # 제약값 벡터 b를 입력
> set.objfn(simple.lp, c(-8, -12))              # 목적식 계수 벡터 c를 입력
> RowNames <- c("salt", "sugar")                # 제약의 행 레이블(optional)
> ColNames <- c("x","y")                        # 변수 레이블(optional)
> dimnames(simple.lp) <- list(RowNames, ColNames)    # 레이블을 구동시킴
```

---

1) lpSolveAPI 팩키지에서 디폴트는 목적식의 최소화(minimize)이므로 당해 문제가 최대화인 경우에는 목적식의 계수벡터 입력 시 부호를 반대로 넣어야 한다.

```
> simple.lp                                   # 선형계획문제의 정식화 형태
Model name:
            x     y
Minimize   -8   -12
salt       10    20  <=  140
sugar       6     8  <=   72
Kind      Std   Std
Type     Real  Real
Upper     Inf   Inf
Lower       0     0

> solve(simple.lp)                            # 선형계획문제 풀기
[1] 0                                         # 제대로 풀리면 0이 출력됨
> get.objective(simple.lp)                    # 목적식의 최적 값
[1] -100
> get.variables(simple.lp)                    # 변수 x의 최적해
[1] 8 3
```

마지막 줄 get.variables(simple.lp)의 출력에서 x의 최적해가 $(8, 3)$임을 알 수 있다. 이때 목적식 $8x + 12y$은 100을 취한다. 이 문제는 최대화이기 때문에 get.objective(simple.lp) 출력 값 -100의 부호를 바꿔 읽어야 옳다.

변수 유형(type)이 정수(integer)이거나 이항형(binary)인 경우 선형계획법도 R의 lpSolveAPI 팩키지로 풀 수 있다. 다만, 변수 유형이 실수인 경우와는 달리 계산시간이 엄청 늘어날 수 있다는 것이 함정이다. 정수 계획법은 소위 'NP-hard'의 최적화이기 때문이다.

다음 절에서 변수 유형이 혼합된 한 예를 다룬다.

* 이 절의 실습파일: <u>first LP example.r</u>

3. 혼합 유형의 선형계획법

다음 선형계획법 사례는 실수형 변수 x_1과 x_4, 정수형 변수 x_2, 이항형 변수 x_3로 구성되어 있다 (즉 $x_3 = 0, 1$).

$$\text{minimize} \quad x_1 + 3x_2 + 6.24x_3 + 0.1x_4$$
$$\text{subject to} \quad + 78.26x_2 + \qquad\qquad + 2.9x_4 \geq 92.3,$$
$$0.24x_1 \qquad\quad + 11.31x_3 \qquad\qquad \leq 14.8,$$
$$12.68x_1 \qquad\qquad + 0.08x_3 + 0.9x_4 \geq 4$$
$$\text{w.r.t.} \quad x_1 \geq 28.6, \text{ integer } x_2 \geq 0, \text{ binary } x_3, \; 18 \leq x_4 \leq 48.98 .$$

이 문제를 풀기 위한 R 스크립트와 출력은 다음과 같다.

```
> library(lpSolveAPI)                                    # 팩키지 설치가 요구됨
> lprec <- make.lp(3, 4)                                 # m과 p를 지정
> set.column(lprec, 1, c(0.0, 0.24, 12.68))             # 행렬 A의 제 1열을 입력
> set.column(lprec, 2, 78.26, indices = 1)              # 행렬 A의 제 2열을 입력2)
> set.column(lprec, 3, c(11.31, 0.08), indices = 2:3)    # 제 3열을 입력
> set.column(lprec, 4, c(2.9, 0.9), indices = c(1, 3))   # 제 4열을 입력
> set.objfn(lprec, c(1.0, 3.0, 6.24, 0.1))              # 목적식 계수 벡터 c를 입력
> set.constr.type(lprec, c(">=", "<=", ">="))           # 제약의 부등호 유형을 지정
> set.rhs(lprec, c(92.3, 14.8, 4))                      # 제약값 벡터 b를 입력
> set.type(lprec, 2, "integer")                         # 변수 x2의 유형을 지정
> set.type(lprec, 3, "binary")                          # 변수 x3의 유형을 지정
> set.bounds(lprec, lower = c(28.6,18), columns = c(1,4)) # x1 ≥ 28.6, x4 ≥ 18
> set.bounds(lprec, upper = 48.98, columns = 4) # x4 ≤ 48.98
> RowNames <- c("THISROW", "THATROW", "LASTROW") # 제약의 행 레이블
> ColNames <- c("COLONE", "COLTWO", "COLTHREE", "COLFOUR") # 변수 레이블
> dimnames(lprec) <- list(RowNames, ColNames)    # 레이블을 구동시킴
```

* 이 절의 실습파일: <u>detailed LP example.r</u>

---

2) lp 오브젝트의 제 2열, 3열, 4열의 입력은 set.column( ) 함수의 indices 표시로써 입력되었는데 이러한 방식은 열의 많은 원소가 0인 경우에 효과적이다.

```
> lprec                                              # 선형계획문제의 정식화 형태
Model name:
              COLONE    COLTWO  COLTHREE   COLFOUR
Minimize          1         3      6.24       0.1
THISROW           0     78.26         0       2.9  >=   92.3
THATROW        0.24         0     11.31         0  <=   14.8
LASTROW       12.68         0      0.08       0.9  >=      4
Kind            Std       Std       Std       Std
Type           Real       Int       Int      Real
Upper           Inf       Inf         1     48.98
Lower          28.6         0         0        18


> solve(lprec)                                       # 선형계획문제 풀기
[1] 0                                                # 제대로 풀리면 0이 출력됨
> get.objective(lprec)                               # 목적식의 최적 값
[1] 31.78276
> get.variables(lprec)                               # 변수 x의 최적해
[1] 28.60000   0.00000   0.00000 31.82759
> get.constraints(lprec)                             # 제약식의 실현 값
[1]  92.3000   6.8640 391.2928
```

참고: solve(lprec)의 status codes는 다음과 같은 것들이 있다.

     0: "optimal solution found"
     1: "the model is sub-optimal"
     2: "the model is infeasible"
     3: "the model is unbounded"
     4: "the model is degenerate"
     5: "numerical failure encountered"
     6: "process aborted"
     7: "timeout"
     9: "the model was solved by presolve"
    10: "the branch and bound routine failed"
    11: "the branch and bound was stopped because of a break-at-first
        or break-at-value"

12: "a feasible branch and bound solution was found"
13: "no feasible branch and bound solution was found"

한 예로서 앞의 R 스크립트에서 **set.objfn( )** 에서의 목적식 계수 벡터를
-c(1.0, 3.0, 6.24, 0.1)로 바꾸어 보자 (나머지는 그대로이다). 결과는

> solve(lprec)

[1] 3

이다. 이것은 같은 제약 하에서 선형계획의 목적이

$$\text{maximize} \quad x_1 + 3x_2 + 6.24x_3 + 0.1x_4$$

인 경우에는 최적 목적식 값이 ∞인 것을 의미한다. 이유는 x_2가 무한히
커지더라도 모든 제약에 어긋나지 않으면서 목적식 값이 무한하게 커지기
때문이다.

4. 선형계획법 사례

선형계획법의 실제 사례를 하나 보도록 하자.[3] 인력 배치에 관한 문제이다. M사
는 연중무휴로 콜센터를 운영하는데 1일 24시간을 4시간 단위로 6개 블럭으로
나누어보면 업무적 요건은 다음과 같다.

시간대	FTEs
00-04	15
04-08	10
08-12	40
12-16	70
16-20	40
20-24	35

이 표에서 FTEs(full-time equivalent employees)는 정규직 근로자 환산 수이

---

3) 이 사례는 Paul A. Jensen에 의해 제시된 것으로 https://www.me.utexas.edu
   /~jensen/ORMM/ 에서 따왔다.

다. FTEs 계산 시 시간제 근로자는 5/6의 정규직 근로자로 환산된다. 즉 시간대 00-04에서 FTEs는 15(명)인데 이는 정규직 근로자 15명, 또는 정규직 근로자 10명과 시간제 근로자 6명이 요구된다는 의미이다 (그 밖에 다른 조합도 가능하다).

정규직 근로자는 연속 2개 시간대에 근무하고 시간제 근로자는 1개 시간대에 근무한다. 또 하나의 요구되는 조건은 각 시간대에서 정규직 근로자 수가 시간제 근로자 수의 2배 이상이어야 한다는 것이다.

정규직 근로자는 시간당 \$15.20를 받고 시간제 근로자는 시간당 \$12.95를 받는다. 이제 풀어야 할 문제는 주어진 요건을 모두 충족하면서 총 인건비를 최소화하도록 인력배치계획을 수립하는 것이다.

이를 선형계획법으로 풀어보자. $x_1, x_2, x_3, x_4, x_5, x_6$를 00시, 04시, 08시, 12시, 16시, 20시에 근무를 시작하는 정규직 수라고 하자. 그리고 $y_1, y_2, y_3, y_4, y_5, y_6$를 00시, 04시, 08시, 12시, 16시, 20시에 근무를 시작하는 시간제 근로자 수라고 하자. 이에 따라 목적식은

$$\text{minimize } 15.20*8 \, (x_1 + x_2 + x_3 + x_4 + x_5 + x_6)$$
$$+ 12.95*4 \, (y_1 + y_2 + y_3 + y_4 + y_5 + y_6)$$

이고 제약은

$$x_1 + x_6 + \frac{5}{6}y_1 \geq 15, \quad x_1 + x_6 - 2y_1 \geq 0,$$
$$x_1 + x_2 + \frac{5}{6}y_2 \geq 10, \quad x_1 + x_2 - 2y_2 \geq 0,$$
$$x_2 + x_3 + \frac{5}{6}y_3 \geq 40, \quad x_2 + x_3 - 2y_3 \geq 0,$$
$$x_3 + x_4 + \frac{5}{6}y_4 \geq 70, \quad x_3 + x_4 - 2y_4 \geq 0,$$
$$x_4 + x_5 + \frac{5}{6}y_5 \geq 40, \quad x_4 + x_5 - 2y_5 \geq 0,$$
$$x_5 + x_6 + \frac{5}{6}y_6 \geq 35, \quad x_5 + x_6 - 2y_6 \geq 0$$

로 서술된다. 한편 모든 변수는 정수여야 한다.

다음은 이를 위해 작성된 R 스크립트이다 (실습파일: <u>allocation example.r</u>).

```
library(lpSolveAPI)
lprec <- make.lp(12, 12)
a <- 5/6
set.column(lprec,  1, c(1,1,0,0,0,0,1,1,0,0,0,0))
set.column(lprec,  2, c(0,1,1,0,0,0,0,1,1,0,0,0))
set.column(lprec,  3, c(0,0,1,1,0,0,0,0,1,1,0,0))
set.column(lprec,  4, c(0,0,0,1,1,0,0,0,0,1,1,0))
set.column(lprec,  5, c(0,0,0,0,1,1,0,0,0,0,1,1))
set.column(lprec,  6, c(1,0,0,0,0,1,1,0,0,0,0,1))
set.column(lprec,  7, c(a,0,0,0,0,0,-2,0,0,0,0,0))
set.column(lprec,  8, c(0,a,0,0,0,0,0,-2,0,0,0,0))
set.column(lprec,  9, c(0,0,a,0,0,0,0,0,-2,0,0,0))
set.column(lprec,10, c(0,0,0,a,0,0,0,0,0,-2,0,0))
set.column(lprec,11, c(0,0,0,0,a,0,0,0,0,0,-2,0))
set.column(lprec,12, c(0,0,0,0,0,a,0,0,0,0,0,-2))
set.objfn(lprec, c(rep(121.6,6), rep(51.8,6)))
set.constr.type(lprec, rep(">=",12))
set.rhs(lprec, c(15,10,40,70,40,35,0,0,0,0,0,0))
set.type(lprec, 1:12, "integer")
set.bounds(lprec, lower = rep(0,12))
lprec
```

결과는 다음과 같다.

```
> solve(lprec)
[1] 0
> get.objective(lprec)
[1] 12795.2
> get.variables(lprec)
 [1] 10  0 40 10 30  5  0  0  0 24  0  0
> get.constraints(lprec)
 [1] 15 10 40 70 40 35 15 10 40  2 40 35
```

get.variables(lprec)의 출력으로부터, $x_1, x_2, x_3, x_4, x_5, x_6$의 최적 값은 10, 0, 40, 10, 30, 5이고, $y_1, y_2, y_3, y_4, y_5, y_6$의 최적 값은 0, 0, 0, 24, 0, 0이다. 따라서 인력배치 최적 해는 다음과 같다

시간대	FTEs	정규직	시간제
00-04	15	10+ 5 =15	0
04-08	10	0+10 =10	0
08-12	40	40+ 0 =40	0
12-16	70	10+40 =50	24
16-20	40	30+10 =40	0
20-24	35	5+30 =35	0

5. 이차계획법

선형계획법에 이어 이차계획법(quadratic programming)을 간단히 설명하기로 한다. 이차계획법은 다음 최적화 문제를 푸는 방법이다.

$$\min_x \left(-d^t x + \frac{1}{2} x^t D x \right) \quad \text{subject to} \quad A^t x \geq b_0. \tag{3}$$

여기서 $x = (x_1, \cdots, x_p)^t$, d는 $p \times 1$ 선형계수 벡터, D는 $p \times p$ 이차계수 행렬, A는 $p \times m$ 제약식 계수 행렬, b_0는 $m \times 1$ 제약식 오른쪽 값이다.

아주 간단한 예로서 다음 문제를 풀어보자 ($p = 2$, $m = 4$).

$$\min_{x_1, x_2} \left(-8x_1 - 2x_2 + x_1^2 + 0.25x_2^2 \right)$$

$$\text{subject to} \quad x_1 + x_2 \leq 5, \ x_1 \leq 3, \ x_1 \geq 0, \ x_2 \geq 0.$$

그림 4의 왼쪽 그래프가 이 문제의 제약 영역이고 오른쪽 것은 몇 개의 k에 대하여 목적식의 등고선

$$-8x_1 - 2x_2 + x_1^2 + 0.25x_2^2 = k$$

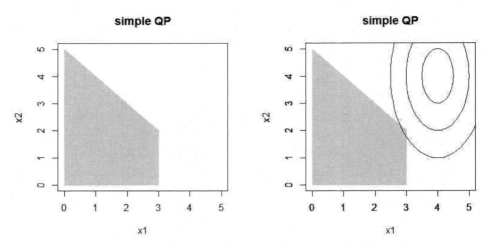

그림 4. 간단한 2차계획법 문제의 제약 영역과 풀이

을 나타낸 그래프이다. 제약이 없다면 k의 최솟값은 -20일 것이다. 왜냐하면

$$-8\,x_1 - 2\,x_2 + x_1^2 + 0.25\,x_2^2 = (x_1 - 4)^2 + 0.25\,(x_2 - 4)^2 - 20 \geqq -20$$

이기 때문이다 ($x_1 = x_2 = 4$에서 등호).

그림 4의 오른쪽 그래프에서 가장 안쪽 등고선은 제약 영역을 지나지 않으므로 목적식의 등고선 값 k가 실현되지 않는다. 두 번째 가운데 등고선도 그렇다. 그러나 가장 바깥 등고선은 제약 영역을 지나므로 등고선 값 k가 실현될 수 있다. 그리고 이 문제에서는 등고선이 바깥으로 갈수록 k 값이 커지는 경우이다. 따라서 이 문제의 풀이에서 목표는 제약 영역을 지나가는 등고선 가운데 가장 작은 k 값을 구하는 것이다. 직관적으로, 그 등고선은 제약 영역의 한 꼭지점인 $(3, 2)$를 지날 것이다.

이 예는 이차계획법의 일반형 (3)에서 $x = (x_1, x_2)^t$, $d = (8, 2)^t$, $D = \begin{pmatrix} 2 & 0 \\ 0 & 0.5 \end{pmatrix}$, $A = \begin{pmatrix} -1 & -1 & 1 & 0 \\ -1 & 0 & 0 & 1 \end{pmatrix}$, $b_0 = (-5, -3, 0, 0)^t$인 경우로 볼 수 있다.

R의 quadprog 팩키지가 2차계획법 문제를 풀어준다. 앞 문제의 풀이를 위해 작성된 스크립트는 다음과 같다.

```
library(quadprog)
D <- matrix(0,2,2)
diag(D) <- c(2,0.5)
d <- c(8,2)
A <- rbind(c(-1,-1,1,0),c(-1,0,0,1))
b.0 <- c(-5,-3,0,0)
solve.QP(D,d,A,b.0)
```

결과를 보자.

```
> solve.QP(D,d,A,b.0)
$solution                          # 해가 여기에 나온다: $x_1 = 3$, $x_2 = 1$.
[1] 3 2
$value                             # 목적식의 최소값
[1] -18
$unconstrained.solution            # 제약이 없는 경우의 해: $x_1 = x_2 = 4$.
[1] 4 4
$iterations
[1] 3 0
$Lagrangian
[1] 1 1 0 0
$iact
[1] 1 2
```

* 이 절의 실습파일: <u>quadratic simple example.r</u>

다음은 R quadprog 팩키지의 데모 스크립트이다.

```
D <- matrix(0,3,3)
diag(D) <- 1
d <- c(0,5,0)
A <- matrix(c(-4,-3,0,2,1,0,0,-2,1),3,3)
b.0 <- c(-8,2,0)
solve.QP(D,d,A,b.0)
```

이에 해당하는 이차계획법 문제의 정식화는 다음과 같다.

$$\text{minimize} \; -5x_2 + 0.5\,(x_1^2 + x_2^2 + x_3^2) \quad \text{w.r.t} \quad x_1, x_2, x_3$$

$$\text{subject to} \quad 4x_1 + 3x_2 + 0x_3 \leq 8,$$
$$2x_1 + \;x_2 + 0x_3 \geq 2,$$
$$0x_1 - 2x_2 + \;x_3 \geq 0.$$

답: > solve.QP(D, d, A, b. 0)
        $solution
        [1] 0.4761905 1.0476190 2.0952381
        $value
        [1] -2.380952

다음과 같이 확인해볼 수 있다.

```
> x <- solve.QP(D, d, A, b. 0)$solution
> t(A) %*% x                          # 제약식의 값. 이것이 b.0보다 커야 한다.
           [,1]
  [1,] -5.047619
  [2,]  2.000000
  [3,]  0.000000
> -d%*%x + .5*t(x)%*%x                # solve.QP(D, d, A, b. 0)$value
           [,1]
  [1,] -2.380952
```

참고자료

Konis, K. (0000). lpSolveAPI Package Users Guide.

부록. SPSS의 활용

1. 간단한 선형계획법 문제의 최적해 찾기

앞서 R을 이용해 최적화했던 다음 문제를 SPSS Statistics를 활용해 실습해 본다.

$$\text{maximize} \quad 8x + 12y \quad \text{with respect to } x \geq 0 \text{ and } y \geq 0$$

$$\text{subject to} \quad 10x + 20y \leq 140,$$

$$6x + 8y \leq 72.$$

데이터 파일 열기: first_LP.sav (2개 줄, 3개 변수)

	x	y	b
1	10	20	140
2	6	8	72

최적화하려는 식에 대해 다음과 같은 형태로 데이터가 입력되어 있어야 한다.

Analyze ▶ Linear Programming

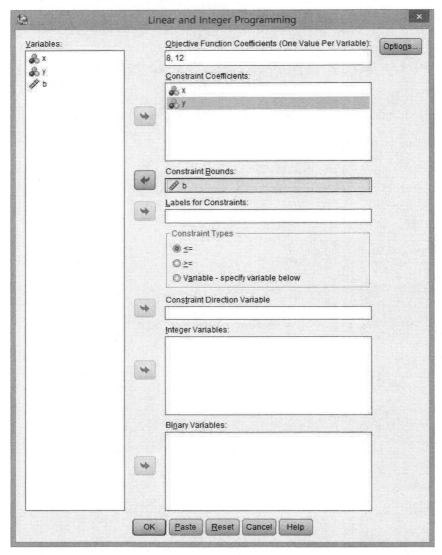

- Objective Function Coefficients: 목적 함수의 계수를 입력한다. 아래
  Constraint Coefficients의 입력 순서와 동일한 순서로 입력한다.
- Constraint Coefficients: x와 y 변수를 입력한다.
- Constraint Bounds: b를 입력한다.

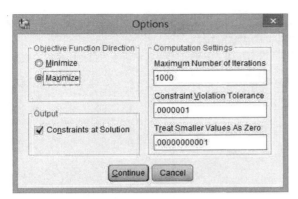

- Objective Function Direction: Default는 Minimize로 되어 있다. 여기에서는
Maximize가 목적이므로 Maximize를 선택한다.

출력:

Settings and Results Summary

	Summary
Objective Function Optimal Value	100
Solution Status	optimal solution found
Objective Direction	maximize
Constraint Variables	x y
Bounds	b
Constraint Direction	<=
Total Iterations	2
Iterations Used for Relaxed Solution	--NA--
Iterations Used for Branch and Bound	--NA--
Tolerance	1e-12
Treat As Zero	1e-10

Computations done by R package lpSolve

실행시 입력했던 값에 대한 요약 정보가 출력된다.

Objective Function Coefficients and Bounds

	Coefficients	Variable Type	Lower Bound	Upper Bound
x	8.000	real	0	None
y	12.000	real	0	None

Variables at Optimum

	Values
x	8.000
y	3.000

x와 y가 각각 8, 3일 때 최적해임을 알 수 있다.

2. 혼합 유형의 선형계획법

앞서 R로 실행했던 혼합 유형의 선형계획법 사례를 SPSS Statistics로 실행해보
자.

$$\text{minimize} \quad x_1 + 3\,x_2 + 6.24\,x_3 + 0.1\,x_4$$

$$\text{subject to} \quad + 78.26\,x_2 + \qquad\qquad + 2.9\,x_4 \geq 92.3,$$

$$0.24\,x_1 \qquad + 11.31\,x_3 \qquad\qquad \leq 14.8,$$

$$12.68\,x_1 \qquad + 0.08\,x_3 + 0.9\,x_4 \geq 4$$

$$\text{w.r.t.} \quad x_1 \geq 28.6, \text{ integer } x_2 \geq 0, \text{ binary } x_3, \ 18 \leq x_4 \leq 48.98.$$

데이터 파일 열기: Detailed LP.sav(7개 줄, 6개 변수)

	x1	x2	x3	x4	b	direction
1	.00	78.26	.00	2.90	92.30	>=
2	.24	.00	11.36	.	14.80	<=
3	12.68	.00	.08	.90	4.00	>=
4	1.00	.	.	.	28.60	>=
5	.	1.00	.	.	.00	>=
6	.	.	.	1.00	18.00	>=
7	.	.	.	1.00	48.98	<=

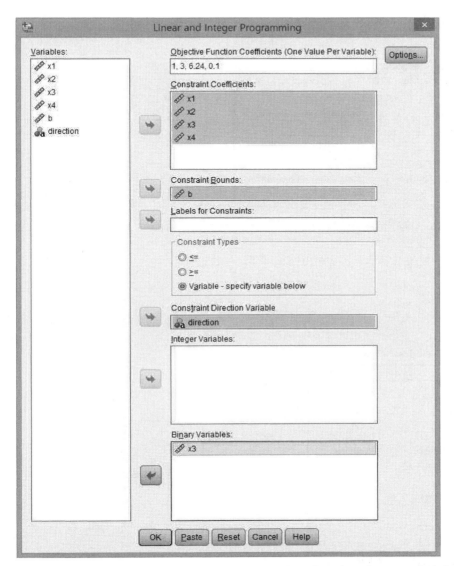

- Objective Function Coefficients: 목적 함수의 계수를 입력한다. 아래 Constraint Coefficients의 입력 순서와 동일한 순서로 입력한다.
- Constraint Coefficients: x1, x2, x3, x4 변수를 입력한다.
- Constraint Bounds: b를 입력한다.
- Constraint Types에서 Variable-specify variable below에 체크하고 Constraint Direction Variable에 direction을 입력한다.

- Binary Variables에 x3을 지정해준다.

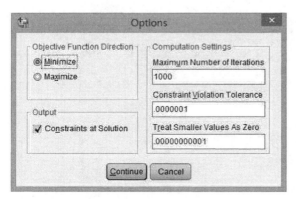

- Miminize가 목적이므로 Default대로 두고 실행한다.

출력:

Settings and Results Summary

	Summary
Objective Function Optimal Value	31.78276
Solution Status	optimal solution found
Objective Direction	minimize
Constraint Variables	x1 x2 x3 x4
Bounds	b
Constraint Direction	direction
Total Iterations	2
Iterations Used for Relaxed Solution	--NA--
Iterations Used for Branch and Bound	--NA--
Tolerance	1e-12
Treat As Zero	1e-10

Computations done by R package lpSolve

실행시 입력했던 값에 대한 요약 정보가 출력된다.

Objective Function Coefficients and Bounds

	Coefficients	Variable Type	Lower Bound	Upper Bound
x1	1.000	real	0	None
x2	3.000	real	0	None
x3	6.240	integer	0	1
x4	.100	real	0	None

Variables at Optimum

	Values
x1	28.600
x2	.000
x3	.000
x4	31.828

x1, x2, x3, x4의 최적해 값을 알 수 있다.

3. 선형계획법의 실제 사례- 인력 배치

앞서 R로 실행했던 선형계획법의 실제 사례를 SPSS Statistics로 실행해보자.

데이터 파일 열기: allocation example.sav(12개 줄, 13개 변수)

	x1	x2	x3	x4	x5	x6	y1	y2	y3	y4	y5	y6	b
1	1.00	.00	.00	.00	.00	1.00	.83						15.00
2	1.00	1.00	.00	.00	.00	.00		.83					10.00
3	.00	1.00	1.00	.00	.00	.00			.83				40.00
4	.00	.00	1.00	1.00	.00	.00				.83			70.00
5	.00	.00	.00	1.00	1.00	.00					.83		40.00
6	.00	.00	.00	.00	1.00	1.00						.83	35.00
7	1.00	.00	.00	.00	.00	1.00	-2.00						.00
8	1.00	1.00	.00	.00	.00	.00		-2.00					.00
9	.00	1.00	1.00	.00	.00	.00			-2.00				.00
10	.00	.00	1.00	1.00	.00	.00				-2.00			.00
11	.00	.00	.00	1.00	1.00	.00					-2.00		.00
12	.00	.00	.00	.00	1.00	1.00						-2.00	.00

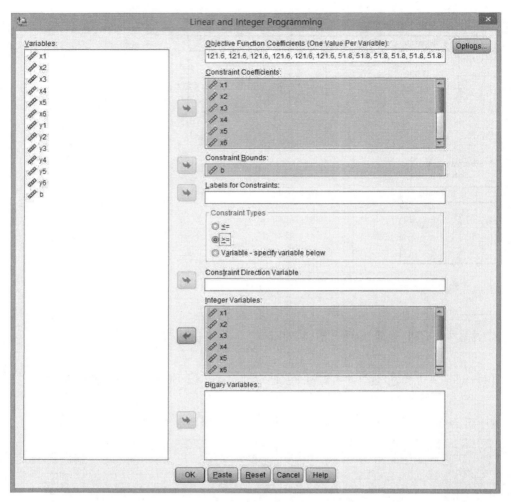

- Objective Function Coefficients에 각 변수별 계수값을 입력한다.

- Constraint Coefficients: x1~ x6, y1~y6 변수를 입력한다.

- Constraint Bounds: b를 입력한다.

- Constraint Types을 >=로 지정한다.

- Integer Variables: x1~x6, y1~y6 변수를 입력한다.

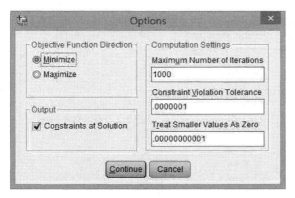

- Minimize가 목적이므로 Default로 실행한다.

출력:

Settings and Results Summary

	Summary
Objective Function Optimal Value	12795.20005
Solution Status	optimal solution found
Objective Direction	minimize
Constraint Variables	x1 x2 x3 x4 x5 x6 y1 y2 y3 y4 y5 y6
Bounds	b
Constraint Direction	>=
Total Iterations	8
Iterations Used for Relaxed Solution	--NA--
Iterations Used for Branch and Bound	--NA--
Tolerance	1e-12
Treat As Zero	1e-10

Computations done by R package lpSolve

- 실행시 입력했던 값에 대한 요약 정보가 출력된다.

Objective Function Coefficients and Bounds

	Coefficients	Variable Type	Lower Bound	Upper Bound
x1	121.600	integer	0	None
x2	121.600	integer	0	None
x3	121.600	integer	0	None
x4	121.600	integer	0	None
x5	121.600	integer	0	None
x6	121.600	integer	0	None
y1	51.800	integer	0	None
y2	51.800	integer	0	None
y3	51.800	integer	0	None
y4	51.800	integer	0	None
y5	51.800	integer	0	None
y6	51.800	integer	0	None

Variables at Optimum

	Values
x1	10.000
x2	.000
x3	40.000
x4	10.000
x5	30.000
x6	5.000
y1	.000
y2	.000
y3	.000
y4	24.000
y5	.000
y6	.000

- 각 변수별 최적해 값을 알 수 있다.

12장. SVM (Support Vector Machine) [1]

이 장은 대표적 지도학습기계인 SVM, 즉 support vector machine을 다룬다. SVM은 '받침 점'(support point)의 역할을 하는 소수의 관측 개체들로 분류 및 회귀 모형을 구축하는데 이 방법은 설명변수가 많은 경우에도 잘 작동한다. R의 e1071 팩키지의 svm() 함수를 써서 SVM 분류 및 회귀 모형을 만들어 본다.

1. 선형 SVM 분류

시작에 앞서 이 장부터 다루려하는 기계학습(machine learning)에 대하여 간략히 설명하고자 한다. 기계학습에서 '기계'는 컴퓨터를 지칭하고 '학습'은 경험적 지식 정도로 볼 수 있다. 이 분야가 공학에서 유래한다는 점을 빼고는 실제로 통계적 방법론과 다르지 않다. 그러나 데이터마이닝이 뜨면서 기계학습이 이 분야를 대표하는 자리에 올라섰다.

기계학습(machine learning)은 지도 학습(supervised learning)과 비지도 학습(unsupervised learning)으로 구분된다. 지도 학습은 외적 기준이 되는 변수가 포함되어 있는 데이터(=경험)에서 나오는 경험적 지식이고 비(非)지도 학습은 외적 정보가 없는 데이터(=경험)에서 만들어지는 경험적 지식이다. 여기서 외적 기준 또는 정보라고 함은 통계학적 용어로는 종속변수 Y와 같은 것이다. 회귀모형이나 분류모형은 지도학습이고 군집화는 비지도학습이다.

SVM 분류는 분류규칙을 산출해내는 지도학습 방법이다. n개의 개체들에서 p개의 속성(attribute) $X_1, \cdots, X_p$가 측정되었고 외적 정보로 Y가 -1 또는 +1로 얻어졌다고 하자. 따라서 $Y=-1$인 개체들과 $Y=+1$인 개체들이 뒤섞인 자료로부터, 어떤 속성의 개체들의 Y가 -1이 되고 어떤 속성의 개체들의 Y가 +1이 되는지 분류규칙을 세워보자는 것이 취지이다.

---

1) 이 장의 본문은 <응용데이터분석>의 17장과 같다 (허명회 2014, 자유아카데미).

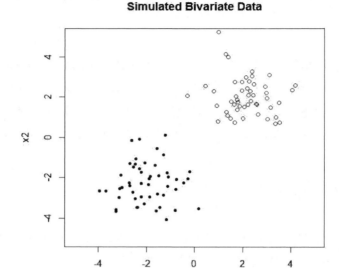

그림 1. 이변량 모의생성자료

선형 SVM 분류란 무엇인가? 단순한 예에서 시작하자. 그림 1의 데이터는 모의생성된 2변량 자료인데 50개의 까만 점과 50개의 하얀 점이 혼합되어 있다. 흑백을 나누는 경계는 무엇인가? 연필과 자로 누구든 그런 선을 그을 수 있을 것이다.

선형 SVM은 그런 경계선 중에서 가장 폭이 넓은 것을 찾아낸다. 그림 2를 보라. 중앙 경계선이 그어졌고 양 쪽 주변으로 경계선과 평행하게 울타리가 세워졌다. 울타리에 받침 점이 된 관측개체는 3개뿐이다.

SVM은 어떻게 이런 경계를 찾는가? 자료를 (x_i^t, y_i)로 표기하자 $(i = 1, \cdots, n)$. 여기서 x_i는 $p \times 1$ 설명 벡터이고 y_i는 -1 또는 +1이다. 그림 1과 같이 총 개체군이 선형적으로 분리 가능한 경우, SVM 방법은 다음과 같이 구성된다.

- 찾고자 하는 선형 분류함수를 $f(x) = w^t x + b$ 로 표기하자: $f(x) > 0$ 이면 y 를 +1로 예측하고 $f(x) < 0$ 이면 y를 -1로 예측한다.

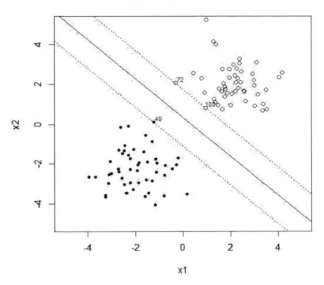

그림 2. SVM 받침 점(support vector)과 분류선

- 제약조건이 따른다: $i = 1, \cdots, n$에 대하여

  1) $w^t x_i + b \geq 1$,   if $y_i = 1$,

  2) $w^t x_i + b \leq -1$,   if $y_i = -1$.

이것은 선형적으로 분리되는 상황임을 수학적으로 표현한 것이다. 위의 2개 영역 간 폭은 $\| w \|$의 역에 비례한다. 따라서 $\| w \|$의 최소화가 목표이다.

- 따라서 SVM은 다음과 같이 수학적으로 정식화된다.

$$\text{minimize} \quad \frac{1}{2} \| w \|^2 \quad \text{with respect to } w$$

$$\text{subject to} \quad 1)\ w^t x_i + b \geq 1, \quad \text{if } y_i = 1,$$

$$2)\ w^t x_i + b \leq -1,\ \text{if } y_i = -1.$$

- 라그라지 승수와 quadratic programming으로 다음과 같은 해를 얻는다.

$$w = \sum_{i=1}^{n} \lambda_i y_i x_i, \quad \lambda_1, \cdots, \lambda_n \geq 0.$$

- $\lambda_i > 0$인 개체 i의 설명 벡터 x_i를 받침 벡터(support vector)라고 한다. 받침 벡터(점)들은 $w^t x + b = \pm 1$의 경계에 놓인다.

- 그림 1의 모의생성 자료에서는 받침 점 3개(=개체 49, 72, 100)가 탐지되었다. 그림 2를 보라.

많은 상황에서는 데이터가 2개 그룹으로 선형적으로 명확히 나뉘지 않는다. 그림 3을 보라. 연필과 자로는 어떤 선을 긋더라도 흑점과 백점을 분리할 수 없다.

일반적으로 SVM은 어떻게 정식화되는가? 일부 개체들에 대하여 제약조건을 완화하지 않으면 안 된다. 그러나 조건완화에 페널티를 부과하여 해를 구한다.

- SVM 분류의 일반적 정식화:

$$\text{minimize} \quad \frac{1}{2} \| w \|^2 + C \sum_{i=1}^{n} \xi_i \quad \text{w.r.t.} \ w \ \text{and} \ \xi_1 \geq 0, \cdots, \xi_n \geq 0$$

$$\text{subject to} \quad 1) \ w^t x_i + b \geq 1 - \xi_i, \quad \text{if} \ y_i = 1,$$

$$2) \ w^t x_i + b \leq -1 + \xi_i, \quad \text{if} \ y_i = -1.$$

여기서 $\xi_1 \geq 0, \cdots, \xi_n \geq 0$은 조건완화를 위한 여분(slack)이고 $C > 0$는 이 부분에 부과되는 단위비용(unit cost)이다.

그림 4는 그림 3 자료의 SVM 분류 결과이다 ($C = 100$). 네모 표시가 된 점들이 받침 벡터들이다. 이들 점들은 분류 울타리의 경계와 내부에 위치한다. 그림에서 SVM 분류선은 실선으로 나타나 있다.

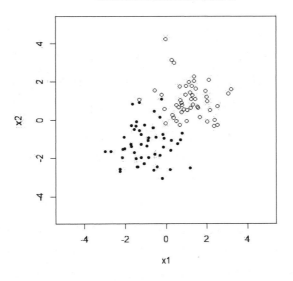

그림 3. 선형적으로 분리가능하지 않은 이변량 자료

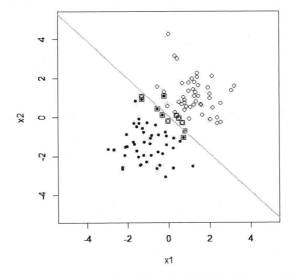

그림 4. SVM 분류의 받침 벡터들 (네모 표시)

----

2. 비선형 SVM 분류

선형 SVM 분류는 말 그대로 '선형적'이다. 따라서 그룹 간 경계가 비선형인 경우 잘 작동하지 않게 된다. 예를 들어 그림 5의 케이스를 생각해 보자. 이 케이스에 서는 $x_1^2 + x_2^2 \leqq 1.16$ 이면 group=1이고 $x_1^2 + x_2^2 > 1.16$ 이면 group=2이다. 즉 그 룹 경계가 원형인 경우이다. 따라서 설명공간의 좌표를 (x_1, x_2) 대신 (x_1^2, x_2^2)으 로 바꿀 필요가 있다. 이 케이스는 2변량의 경우이므로 산점도에서 시각적으로 필요한 변환을 찾을 수 있지만, 일반적으로 $p\,(\geqq 3)$변량의 자료에서는 그룹 분류 를 위해 어떤 비선형 변환이 필요한지를 알아내기 쉽지 않다.

SVM 방법은 설명공간을 힐버트 공간(Hilbert space)으로 옮겨 비선형 분류의 문 제를 해결한다. p차원 설명벡터 x를 힐버트 공간의 $\varPhi(x)$로 옮기자. 즉 $\varPhi$는 $\mathbb{R}^p$ 에서 $\mathbb{H}$로의 함수이다. 여기서 $\mathbb{R}^p$는 p차원의 유클리드 공간이고 $\mathbb{H}$는 힐버트 공 간이다.

힐버트 공간 $\mathbb{H}$에서 두 개체 $\varPhi(x_1)$과 $\varPhi(x_2)$ 간 내적(內積) $<\varPhi(x_1), \varPhi(x_2)>$ 는 몇 개의 특정한 커널 함수 $K(x_1, x_2)$로 얻어진다. 가우스 커널이 대표적이다:

가우스 커널(일명 radial kernel):
$$K(x_1, x_2) = \exp(-\gamma \parallel x_1 - x_2 \parallel^2), \ \gamma > 0.$$

유클리드 공간 $\mathbb{R}^p$에서 두 개체 x_1과 x_2 간 내적(內積) $<x_1, x_2>$에 해당하는 커널은 $K(x_1, x_2) = x_1^t x_2$ 이다. 이 커널은 선형 커널(linear kernel)로 불린다. 이 밖에 다항 커널과 로지스틱 커널 등이 있다.

다항 커널(polynomial kernel): $K(x_1, x_2) = (\gamma x_1^t x_2 + c_0)^d, \ d = 1, 2, \cdots$.

로지스틱 커널(logistic kernel): $K(x_1, x_2) = \tanh(\gamma x_1^t x_2 + c_0)$.

여기서 $c_0 \geqq 0, \ \gamma > 0$이다.

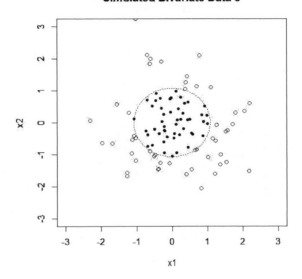

그림 5. 이변량 모의생성 자료: 비선형적 케이스

비선형 SVM 방법은 분류함수를 $f(x) = w^t \Phi(x) + b$ 로 놓고 $\Phi(x_i)$ 들의 선형결합, 즉 $\sum_{i=1}^{n} w_i \Phi(x_i)$ 중에서 계수 w 를 다음 정식화에 따라 찾는다.

$$\text{minimize} \quad \frac{1}{2} \parallel w \parallel^2 + C \sum_{i=1}^{n} \xi_i \quad \text{w.r.t.} \ \ w \ \ \text{and} \ \ \xi_1 \geqq 0, \cdots, \xi_n \geqq 0$$

$$\text{subject to} \quad 1) \ w^t \Phi(x_i) + b \ \geqq 1 - \xi_i, \quad \text{if} \ \ y_i = 1,$$

$$2) \ w^t \Phi(x_i) + b \ \leqq -1 + \xi_i, \quad \text{if} \ \ y_i = -1.$$

여기서 $\xi_1 \geqq 0, \cdots, \xi_n \geqq 0$ 은 여분(slack)이고 $C > 0$ 는 단위비용이다.

이 정식화를 풀어서 얻어지는 분류함수는 다음 형태가 된다.

$$f(x) = \sum_{i=1}^{n} \lambda_i y_i < \Phi(x_i), \Phi(x) > + b = \sum_{i=1}^{n} \lambda_i y_i K(x_i, x) + b.$$

그림 6은 그림 5 자료에 가우스 커널을 적용하여 분류한 결과이다 ($\gamma = 0.5$,

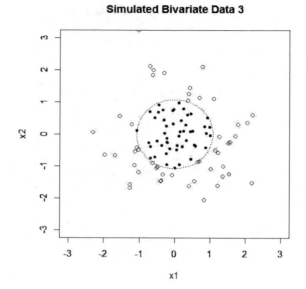

그림 6. 비선형적 케이스에 대한 SVM 분류 결과: 가우스 커널

$C = 1$). 청색 점이 group=1로 분류된 개체들이다. 원의 경계에서 일부 혼동이
있기는 하지만 대체로 잘 분류되어 있다.

다음은 R 스크립트인데 e1071 팩키지의 svm() 함수를 사용하였다 (실습파일
<u>simulated 2-dim nonlinear.r</u>). svm()에서 kernel은 "radial"로 지정하였고
gamma는 0.5로 하였다. scale은 FALSE로 두어 원 척도를 썼다.


```
set.seed(123)
x <- matrix(rnorm(200),100,2)
grp <- ifelse(apply(x*x,1,sum) <= 1.16, 1, 2)
table(grp)

library(e1071)
y <- as.factor(grp)
svm.model <- svm(y ~ x, kernel="radial", scale=F, gamma=0.5)
summary(svm.model)
```

```
windows(height=8,width=7)
plot(x, pch=c(20,21)[grp], col=c("blue","red")[svm.model$fitted],
    xlim=c(-3,3), ylim=c(-3,3), xlab="x1", ylab="x2",
    main="Simulated Bivariate Data 3")
theta <- seq(0,1,0.01)*2*pi; r <- sqrt(1.16)
par(new=T); plot(r*cos(theta), r*sin(theta), lty="dotted", type="l",
    xlim=c(-3,3), ylim=c(-3,3), xlab="", ylab="")
```

스팸 메일 사례. kernlab 팩키지의 spam 자료는 휴렛-팩커드 사에서 수집된 4,601개의 e메일에 대한 스팸 분류(spam 또는 nonspam; 변수 명 type)와 57개 변수 x1-x57 (단어 및 기호의 빈도·특성)으로 구성되어 있다. x1-x57을 써서 type에 대한 비선형 SVM 분류를 해보자. 다음과 같이 R 스크립트를 작성하였다 (실습파일 spam.r).

```
> library(e1071)
> library(kernlab)
> data(spam); str(spam)
> svm.model <- svm(type ~ ., data=spam, gamma=1, cost=1)

> addmargins(table(spam$type, svm.model$fitted))
          nonspam spam  Sum
  nonspam    2788     0 2788
  spam         27  1786 1813
  Sum        2815  1786 4601
```

적합모형에 자료를 넣어 예측한 결과 1,813개 스팸 중에서 27개를 nonspam으로 분류하여 1.5%의 오류율을 보였다.[2] 2,788개 비(非)스팸에 대해서는 모두 옳게 예측함으로써 제로 오류율을 기록하였다. 총(總)오류율은 0.6%(=(27+0)/4601)이다. 인상적이지 않은가? 그렇게 보이지만, 앞의 분석에서 분류 정확도는 과장되어 있다. 왜냐하면 모형적합에 쓰인 자료(training data, 훈련자료)와 모형성과의 테스트에 쓰인 자료(test data, 테스트 자료)가 같기 때문이다.

----

2) 표에서 행은 Y의 실제 값이고 열은 Y의 예측 값이다.

전체자료를 일정 비율로 분할(partition)하여 훈련자료와 테스트 자료를 겹치지 않게 할 필요가 있다. 다음은 전체자료를 3:1로 분할하는 예이다.

```
> n <- nrow(spam)
> sub <- sample(1:n, round(0.75*n))
> spam.1 <- spam[sub, ]
> spam.2 <- spam[-sub, ]
```

spam.1은 훈련자료로서 3,451개의 개체를 가져가고 spam.2는 테스트 자료로서 나머지 1,150개의 자료를 가져간다. 이제 spam.1으로 SVM 분류 모형을 적합하고 spam.2 개체들의 Y 예측치를 만든 다음 실제 Y와 대조해보자.

```
> svm.model.1 <- svm(type ~ ., data=spam.1, gamma=1, cost=1)
> svm.predict.2 <- predict(svm.model.1, newdata=spam.2)

> addmargins(table(spam.2$type, svm.predict.2))
          svm.predict.2
          nonspam spam  Sum
  nonspam     682    1  683
  spam        236  231  467
  Sum         918  232 1150
```

spam.1으로 적합한 SVM 분류 모형에 spam.2 자료를 넣어 예측한 결과 467개 스팸 중에서 236개를 nonspam으로 분류하여 50%가 넘는 오류율을 보였다. 그리고 683개 비(非)스팸 중에 대해서는 1개를 스팸으로 예측함으로써 0.15%의 오류율을 기록하였다. 총(總)오류율은 20.6%(=(236+1)/1150)이다. 앞에서 총오류율이 0.6%였는데 이것이 얼마나 과소한 것이었던가를 실감할 수 있다.

이제까지 svm()에서 kernel은 gamma=1, cost=1로 하였는데 이들 파라미터를 다르게 두면 모형성과가 다르게 나타날 수 있다. e1071 팩키지의 tune.svm()으로 SVM 모형의 최적 파라미터를 찾아보자. 이 함수는 10-겹 교차 타당성 평가(10-fold cross-validation) 방법을 쓴다.[3] 가우스 커널의 gamma 값 0.1, 1,

----

3) 전체 자료를 10개로 나누어 9개 부(副,sub) 자료를 합하여 모형적합을 하고 나머지 1개

10과 cost 값 0.1, 1, 10의 총 9개 조합 중에서 최적의 (gamma, cost) 조합을 찾
아보자.

```
> tune.svm <- tune(svm, type ~ .,  data=spam.1,
                   ranges=list(gamma=c(0.1,1,10),cost=c(0.1,1,10)))
> summary(tune.svm)

  - sampling method: 10-fold cross validation

  - best parameters:
   gamma cost
    0.1   10

  - best performance: 0.09329068

  - Detailed performance results:
   gamma cost      error dispersion
1    0.1  0.1 0.18336669 0.02816067
2    1.0  0.1 0.38158358 0.02980236
3   10.0  0.1 0.39027006 0.02932452
4    0.1  1.0 0.09676559 0.01431572
5    1.0  1.0 0.21293232 0.02368920
6   10.0  1.0 0.25639253 0.02279772
7    0.1 10.0 0.09329068 0.01889967
8    1.0 10.0 0.20829877 0.02424337
9   10.0 10.0 0.25320661 0.02237121
```

위 출력에 의하면, "radial"(가우스) 커널의 SVM 분류 모형에서 gamma=0.1과
cost=10의 조합이 평균 총 오류율 9.3%로 최적이다.[4]

　부자료로 적합 모형을 테스트하는 방법이다. 1개 부자료의 선택에 10개 경우가 있으므
로 총 10번의 테스트를 하는 셈이 된다.
4) 계산처리 시간이 상당히 걸린다. 저자의 노트북에서는 744 sec만에 결과가 나왔다.
```
   p.time <- proc.time()
   tune.svm <- tune(svm, type ~ .,  data=spam.1,
                    ranges=list(gamma=c(0.1,1,10),cost=c(0.1,1,10)))
   summary(tune.svm)
   proc.time()-p.time
```

----

3. 선형 및 비선형 SVM 회귀

선형 SVM 회귀에서 회귀함수는 $f(\boldsymbol{x}) = \boldsymbol{w}^t \boldsymbol{x} + b$의 꼴이다. SVM 회귀는 y_i가

$$(f(\boldsymbol{x}_i) - \epsilon, f(\boldsymbol{x}_i) + \epsilon) \tag{1}$$

내에 오도록 회귀함수 $f(\boldsymbol{x})$를 잡는 것을 이상으로 한다 ($\epsilon > 0$, $i = 1, \cdots, n$).

많은 실제 사례에서는 이것이 가능하지 않다. 그런 사례에서는 $y_i - f(\boldsymbol{x}_i) \geq \epsilon$이면 y_i를 $y_i - \xi_i (= y_i^*)$로 조정하고 $y_i - f(\boldsymbol{x}_i) \leq -\epsilon$이면 y_i를 $y_i + \xi_i (= y_i^*)$로 조정하여, y_i^*가 (1)의 구간 $(f(\boldsymbol{x}_i) - \epsilon, f(\boldsymbol{x}_i) + \epsilon)$에 담기도록 $f(\boldsymbol{x})$를 잡는다. 여기서 "여분"(slack) ξ_i는 비음(nonnegative)이다 ($i = 1, \cdots, n$).

그림 7은 $x \sim N(0,1)$, $f(x) = 0.8x$, $y = f(x) + e$, $e \sim N(0, 0.6)$에서 생성된 2변량 자료이다. 참 회귀선을 중심으로 폭이 $\epsilon (= 1)$인 띠의 밖에 있는 관측점의 경우 관측점에서 띠의 경계까지의 수직 선분의 길이가 "slack"(여분)이다.

여분의 총 크기 $\sum_{i=1}^{n} \xi_i$는 가급적 작아야 한다. 따라서 선형 SVM 회귀는 다음과 같이 정식화된다.

$$\text{minimize } \frac{\| \boldsymbol{w} \|^2}{2} + C \sum_{i=1}^{n} \xi_i \text{ with respect to } \boldsymbol{w} \text{ and } \xi_1, \cdots, \xi_n.$$

$$\text{subject to } \quad y_i - f(\boldsymbol{x}_i) - \xi_i \leq \epsilon, \quad \text{if } \quad y_i - f(\boldsymbol{x}_i) \geq \epsilon,$$
$$y_i - f(\boldsymbol{x}_i) + \xi_i \geq -\epsilon, \quad \text{if } \quad y_i - f(\boldsymbol{x}_i) \leq -\epsilon,$$
$$\text{for } i = 1, \cdots, n.$$

SVM 방법론에 의하면 이것의 해는 다음 형태로 주어진다.

$$\boldsymbol{w} = \sum_{i=1}^{n} (\alpha_i - \alpha_i^*) \boldsymbol{x}_i, \qquad f(\boldsymbol{x}) = \sum_{i=1}^{n} (\alpha_i - \alpha_i^*) \boldsymbol{x}_i^t \boldsymbol{x} + b.$$

여기서 α_i와 α_i^*는 비음의 Lagrange 승수이다.

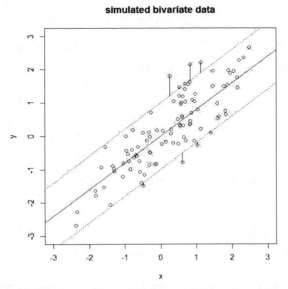

그림 7. 모의생성 2변량 자료에서의 선형 SVM 회귀 개념도

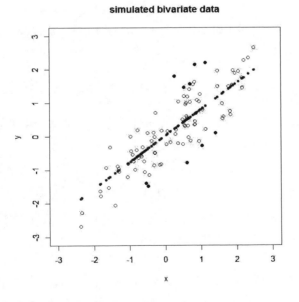

그림 8. 모의생성 2변량 자료에서 선형 SVM 회귀 적합모형

그림 8은 그림 7의 자료의 선형 SVM 회귀를 보여준다. 예측값들은 대각의 경향 직선에 놓인다. 그 직선을 중심으로 $\pm\epsilon$의 띠 밖의 개체 점들은 청색 컬러로 채워졌는데 ($\epsilon=1$) 이들이 받침 벡터(support vector)들이다. 그림 8을 위해 다음 R 스크립트가 쓰였다 (실습파일 <u>simulated 2-dim linear regression.r</u>).

```
set.seed(12345)
x <- rnorm(100)
y <- 0.8*x + rnorm(100,0,0.6)
library(e1071)
svm.model <- svm(y ~ x, kernel="linear", epsilon=1, scale=F)
summary(svm.model)

windows(height=7.5,width=7)
plot(y ~ x, main="simualted bivariate data",xlim=c(-3,3),ylim=c(-3,3))
par(new=T)
plot(svm.model$fitted ~ x, main="",xlim=c(-3,3),ylim=c(-3,3),
     xlab="",ylab="",col="red",pch=20)
points(x[svm.model$index],y[svm.model$index],pch=20)
```

비선형 SVM 회귀에서 회귀함수는 $f(x) = w^t\varPhi(x) + b$로 바뀌고 적합모형은 다음 형태로 주어진다.

$$w = \sum_{i=1}^{n}(\alpha_i - \alpha_i^*)\varPhi(x_i), \qquad f(x) = \sum_{i=1}^{n}(\alpha_i - \alpha_i^*)K(x_i, x) + b.$$

여기서 α_i와 α_i^*는 비음의 Lagrange 승수이고 $K(x, x')$은 커널 함수이다.

그림 9는 $x \sim N(0,1)$, $f(x) = 0.8x^2$, $y = f(x) + e$, $e \sim N(0, 0.6)$에서 생성된 2변량 자료이다. 중앙의 속이 채워진 적색 점들이 2차식인 회귀함수 $f(x)$이다. $y = f(x)$를 중심으로 폭이 $\epsilon\,(=1)$인 띠의 밖에 있는 개체들이 몇 개 있는데 이들은 청색으로 채워져 있다.

그림 10은 그림 9의 자료의 비선형 SVM 회귀(가우스 "radial" 커널, epsilon=1, gamma=0.5, cost=1)를 보여준다. 예측값들은 채워진 적색 점으로 표지되었는데

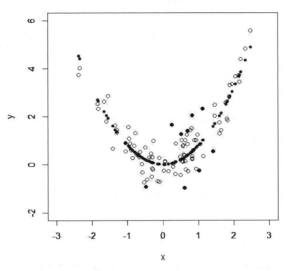

그림 9. 2차 곡선 패턴의 모의생성 자료: 회귀곡선과 띠의 안팎

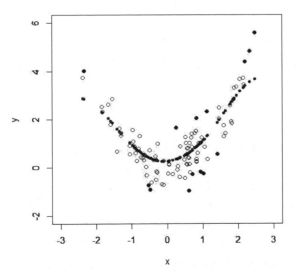

그림 10. 모의생성 2변량 자료에서 비선형 SVM 회귀 적합모형

2차식에 가까운 곡선 상에 놓여 있다. 이 경향곡선을 중심으로 $\pm\epsilon$의 띠 밖에 있는 채워진 청색 점들이 비선형 SVM 회귀를 결정하는 받침 벡터이다 ($\epsilon = 1$).

그림 10의 작성을 위해 다음 R 스크립트가 쓰였다 (실습파일 <u>simulated 2-dim nonlinear regression.r</u>).

```
set.seed(12345)
x <- rnorm(100);  y.fit <- 0.8*x^2
y <- y.fit + rnorm(100,0,0.6)

library(e1071)
svm.model <- svm(y ~ x, gamma=0.5, epsilon=1, scale=F)
summary(svm.model)

windows(height=7.5,width=7)
plot(y ~ x, main="simuated bivariate data 2",xlim=c(-3,3),ylim=c(-2,6))
par(new=T)
plot(svm.model$fitted ~ x, main="",xlim=c(-3,3),ylim=c(-2,6),
     xlab="",ylab="",col="red", pch=20)
points(x[svm.model$index],y[svm.model$index],pch=20)
```

오존 연구 사례. gclus 팩키지의 ozone 자료는 미국 Los Angeles 시 인근에서 330일에 걸쳐 측정된 오존 및 기상 변인에 대한 기록이다. 다음 변수들로 구성되어 있다.

```
Ozone:  Ozone conc., ppm, at Sandbug AFB.
Temp:   Temperature F. (max?).
InvHt:  Inversion base height, feet
Pres:   Daggett pressure gradient (mm Hg)
Vis:    Visibility (miles)
Hgt:    Vandenburg 500 millibar height (m)
Hum:    Humidity, percent
InvTmp: Inversion base temperature, degrees F.
Wind:   Wind speed, mph
```

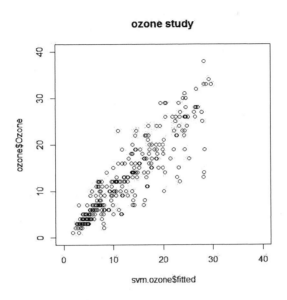

그림 11. 오존에 대한 비선형 SVM 회귀 1

종속변수로 Ozone을, 그리고 나머지 변수들을 설명변수로 하자. 그림 11이 오존의 비선형 SVM 회귀 적합값 대 관측값의 플롯이다.

적합 SVM 회귀에 쓰인 파라미터는 cost=1, gamma=0.125, epsilon=0.1이다. R 스크립트는 다음과 같다 (실습파일 ozone.r).

```
library(gclus)
data(ozone); str(ozone)
library(e1071)
svm.ozone <- svm(Ozone ~ ., data=ozone, cost=1)
summary(svm.ozone)
windows(height=7.6, width=7)
plot(ozone$Ozone ~ svm.ozone$fitted, main="ozone study",
     xlim=c(0,40),ylim=c(0,40))
cor(svm.ozone$fitted,ozone$Ozone)
```

비선형 SVM 회귀 적합값과 관측값 간 상관은 0.91로 좋은 편이지만 받침 벡터의 수가 무려 250개나 된다. 받침 벡터 수를 줄이기 위해서는 epsilon을 크게 할 필요가 있다.

부록. SPSS의 활용

데이터 파일 열기: spam.1.sav (3,451개 줄, 58개 변수)

	make	address	all.1	num3d	our	over	remove
1	.00	.00	.00	.00	.00	.00	.00
2	.00	.67	.67	.00	.50	.00	.16
3	.00	.00	.00	.00	.00	.00	.00
4	.00	.00	.47	.00	.47	.47	.47
5	.00	.00	.00	.00	.00	.00	.00
6	.00	.00	.00	.00	.00	.00	.00
7	.52	.42	.35	.00	.14	.03	.03
8	.00	.00	.00	.00	.00	.00	.00
9	.00	.00	.00	.00	.00	.00	.00
10	.00	.00	.00	.00	.00	.00	.00
11	.00	.00	1.31	.00	.00	.00	.00
12	.00	.28	.84	.00	.28	.00	.14

Analyze ▶ Classify ▶ Support Vector Machines

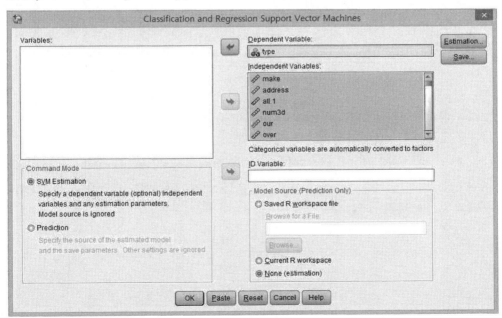

- Command Mode: 종속변수와 설명변수를 지정하여 SVM 모형을 적합할 수 있으며, 추정된 모형을 활용하여 예측을 수행할 수 있다.

- SVM Estimation: SVM 모형을 추정하기 위해 지정한다.

- Prediction: 추정된 모형을 통해 예측 작업을 수행할 수 있다.

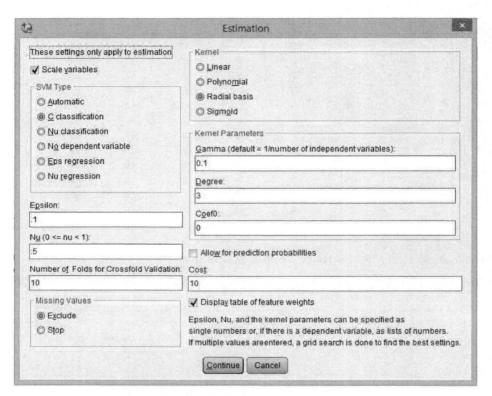

- SVM Type: C classification을 지정한다.

- Number of Folds for Crossfold Validation: 교차평가의 겹 수를 지정한다.

- Kernel: 비선형 변환을 위해 대표적으로 Radial basis를 지정하고 Gamma= 0.1과 Cost=10의 조합으로 지정한다.

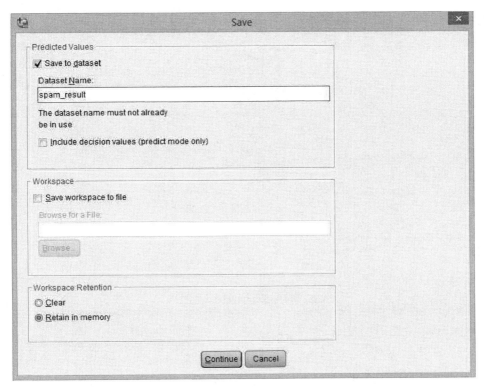

- 적합된 모형을 통한 예측값을 확인하기 위해 dataset을 지정한다.
- Workspace: 추정된 모형을 workspace에 저장하여 예측에 활용할 수 있다.
- Wrokspace Retention: 추정된 모형을 바로 예측에 활용하기 위해 Retain in memory를 지정한다.

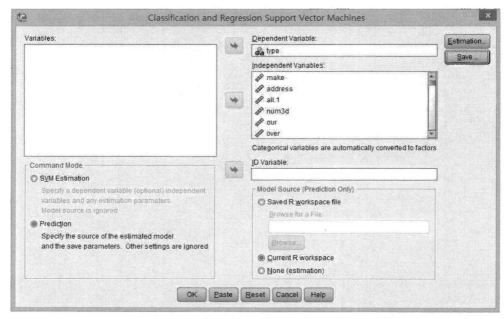

- Prediction: 추정된 모형을 통해 예측 작업을 수행할 수 있다.
- 추정된 모형을 통해 spam.2.sav로 예측 작업을 수행할 수 있으며, 총 오류율 9.3%로 확인할 수 있다.

출력:

Crossfold Accuracies

	Accuracies
1	91.014
2	90.435
3	92.754
4	88.986
5	86.377
6	93.043
7	93.043
8	92.464
9	88.116
10	92.775
Total Accuracy	90.901

- 10겹 교차타당성 결과를 보여준다. SVM(Gamma= 0.1과 Cost=10)의 정확도
  는 90.9%임을 보여준다.

	ID	Predicted
1	1	nonspam
2	2	spam
3	3	spam
4	4	spam
5	5	nonspam
6	6	nonspam
7	7	spam
8	8	nonspam
9	9	nonspam
10	10	nonspam
11	11	nonspam
12	12	spam

- 지정한 dataset에서 예측된 값을 확인할 수 있다.

데이터 파일 열기: ozone.sav (330개 줄, 9개 변수)

	Ozone	Temp	InvHt	Pres	Vis	Hgt	Hum
1	3	40	2693	-25	250	5710	28
2	5	45	590	-24	100	5700	37
3	5	54	1450	25	60	5760	51
4	6	35	1568	15	60	5720	69
5	4	45	2631	-33	100	5790	19
6	4	55	554	-28	250	5790	25
7	6	41	2083	23	120	5700	73
8	7	44	2654	-2	120	5700	59
9	4	54	5000	-19	120	5770	27
10	6	51	111	9	150	5720	44
11	5	51	492	-44	40	5760	33
12	4	54	5000	-44	200	5780	19

Analyze ▶ Classify ▶ Support Vector Machines

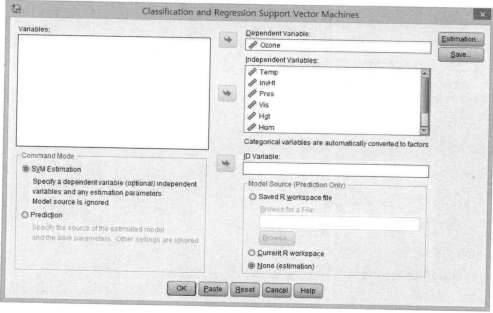

- Command Mode: 종속변수와 설명변수를 지정하여 SVM 모형을 적합할 수 있으며, 추정된 모형을 활용하여 예측을 수행할 수 있다.
- SVM Estimation: SVM 모형을 추정하기 위해 지정한다.
- Prediction: 추정된 모형을 통해 예측 작업을 수행할 수 있다.

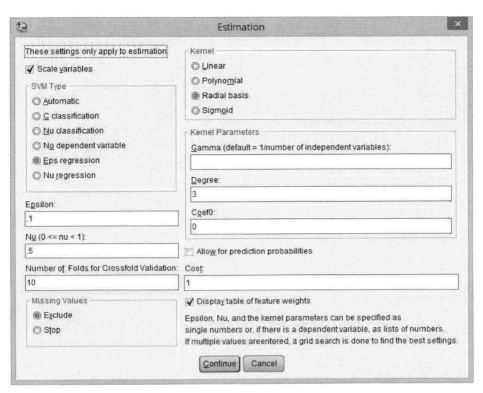

- SVM Type은 Eps regression을 지정한다.

- Number of Folds for Crossfold Validation: 교차평가의 겹 수를 지정한다.

- Kernel은 비선형 변환을 위해 대표적인 Radial basis를 지정하고 Parameter
  는 default 값으로 지정한다.

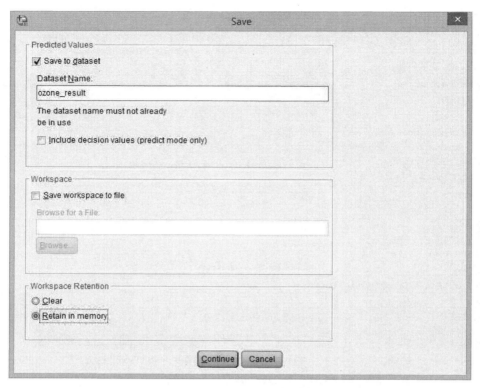

- 적합된 모형을 통한 예측값을 확인하기 위해 dataset을 지정한다.
- Workspace: 추정된 모형을 workspace에 저장하여 예측에 활용할 수 있다.
- Wrokspace Retention: 추정된 모형을 바로 예측에 활용하기 위해 Retain in memory를 지정한다.

출력:

Crossfold Mean Squared Errors

	d
1	12.370
2	14.407
3	16.426
4	11.519
5	23.737
6	14.893
7	16.185
8	18.605
9	10.142
10	13.870
Total MSE	15.215
Squared Correlation, Predicted and Actual	.763

Feature Weights

	1
Temp	11.536
InvHt	-6.982
Pres	1.518
Vis	-1.074
Hgt	8.608
Hum	3.485
InvTmp	11.367
Wind	-1.566

Number of support vectors: 250

- SVM 회귀 적합값과 관측값 간 상관은 0.76으로 좋은 편이나, 받침 벡터의 수가 250개로 많은 편임을 알 수 있다.

	ID	Predicted	Ozone
1	1	3.81	3
2	2	5.80	5
3	3	11.63	5
4	4	8.08	6
5	5	4.04	4
6	6	4.50	4
7	7	6.58	6
8	8	5.88	7
9	9	4.80	4
10	10	8.99	6
11	11	6.26	5
12	12	3.83	4

- 지정한 dataset에서 예측된 값을 확인할 수 있다.

13장. 나무와 랜덤포리스트 tree and random forests [1]

나무 알고리즘(tree algorithm)은 데이터 분할, 즉 노드 분리로써 순도(純度)를 높인다. 자식이 다음 세대에서 부모이듯이, 나무 알고리즘에서도 분리된 노드가 다시 분리된다. 그러다가 순도의 증가가 둔화되는 시점에서 작업이 종료된다. 이 장에서는 분류와 회귀에 적용되는 CART와 이를 확장한 RF(random forests)를 소개한다.

1. CART

CART(Classification And Regression Tree)는 캘리포니아의 4인방 Breiman, Friedman, Olshen, Stone이 개발한 나무 알고리즘이다. 말 그대로 CART는 분류와 회귀에 모두 적용 가능하다. 방법론의 설명을 분류에서 시작하기로 한다.

종속변수 Y가 이항형($=0, 1$)이고 예측변수로 $X_1, \cdots, X_p$가 가용하다고 하자. 나무 알고리즘의 방법론은 총 자료, 즉 뿌리 노드(root node)에서 시작하고 핵심 아이디어는 노드 분리(node splitting)에 있다.

노드 분리: 분리 대상인 노드를 M, 어미 노드라고 하자. 어미 노드 M을 자녀 노드 C_1과 C_2로 나누는 것을 노드 분리라고 한다. $X_1, \cdots, X_p$ 중 하나인 X_j와 어떤 값 k_j를 선택하여, $x_j \leq k_j$이하인 개체는 노드 C_1에 넣고 $x_j > k_j$인 개체는 노드 C_2에 넣는다. 관건은 변수 X_j와 분리 값 k_j의 선택에 있다.[2]

- **지니 지수**(Gini index). 임의 노드 N에서 $Y = 1$의 비율을 p, $Y = 0$의 비율을 q라고 하자 ($p + q = 1$). 노드의 불순도(impurity)를 나타내는 지니 지수는 $G(N) = pq$로 정의된다.

---

1) 이 장의 본문은 <응용데이터분석>의 18장과 같다 (허명회 2014, 자유아카데미).
2) X_j가 범주형인 경우에는 이것의 범주가 A_j에 속하는 개체는 노드 C_1에 넣고 그렇지 않은 개체는 노드 C_2에 넣는다. 여기서 A_j는 특정 범주 또는 범주들의 집합. 이때 관건은 A_j를 정하는 데 있다.

예를 들어 어미 노드 M(개체 수 100)에서 $Y=1$과 0의 비율이 0.5와 0.5라고 하자. 이것이 한 변수 X_1과 이것의 분리 값 k_1에 의하여 2개의 자녀 노드 C_1과 C_2로 분리되는데, 노드 C_1(개체 수 50)에서 $Y=1$과 0의 비율이 0.8과 0.2이고 노드 C_2(개체 수 50)에서 $Y=1$과 0의 비율이 0.2와 0.8이라면 지니 지수는 다음과 같이 계산된다.

$$M: \qquad G(M) = (0.5)(0.5) = 0.25 \ .$$

$$C_1 \text{과 } C_2: \qquad \frac{1}{2} G(C_1) + \frac{1}{2} G(C_2) = \frac{1}{2}(0.8)(0.2) + \frac{1}{2}(0.2)(0.8) = 0.16 \ .$$

따라서 $G(M) > Average\{ G(C_1), G(C_2) \}$이다. 즉, 어미 노드가 2개의 자녀 노드로 분리되면서 불순도가 감소한다.

노드 M의 분리에서 변수와 분리 값은 $Average\{ G(C_1), G(C_2) \}$가 최소가 되도록 선택된다 (실제로는 가중평균). 이를 위해서는 상당한 계산이 요구된다.

분리의 종결: 노드 분리가 여러 번 계속되면 개별 노드의 개체 수가 급속히 감소하게 된다. 따라서 분리의 대상인 어미 노드가 작은 경우, 또는 어미 노드가 분리되면서 만들어지는 자녀 노드가 일정 값보다 작게 되는 경우에는 노드 분리를 하지 않는다. 또한 어떤 변수와 분리 값을 선택하더라도 불순도의 감소가 작은 경우에는 해당 노드의 분리를 종결한다.

종속변수가 연속형인 경우에는 잔차제곱합이 불순도의 측도이다 (이것은 결정계수 R^2을 순도 purity의 측도로 하는 것과 마찬가지이다). 즉 노드 분리 시 잔차제곱합의 감소가 최대가 되는 변수와 분리 값을 선택한다는 것이다. 분리의 종결은 불순도의 감소가 미미하게 되는 단계에서 선언된다.

Kyphosis 사례. kyphosis는 척추수술 후 척추기형(Kyphosis)이 관측되는 17명(Kyphosis="present")과 그렇지 않은 64명(Kyphosis="absent")에 대한 임상자료이다. Kyphosis를 종속변수로 하고 이에 대한 설명변수로 나이(Age, 단위 月), 척추 시작번호(Start)와 척추 수(Number)를 써서 나무 모형을 만들어 보자.

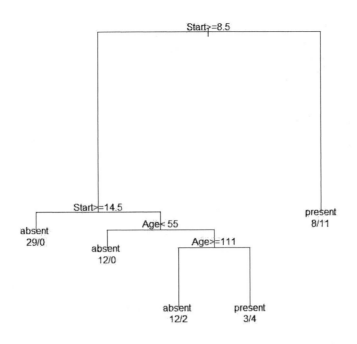

그림 1. Kypho에 대한 나무 모형 1

그림 1의 나무 모형은 rpart 팩키지의 rpart() 함수를 써서 만든 것으로, 첫 번째 질문은 "Start ≥ 8.5인가?"이다. 답이 no이면 Kypho는 'present'로 예측 된다 (끝). 답이 yes이면 두 번째 질문에 들어간다. 그 질문은 "Start ≥ 14.5인 가?"이다. 답이 yes이면 Kypho는 'absent'로 예측 된다. 답이 no이면 세 번째 질문에 들어간다. … 다음은 그림 1의 나무 모형을 도출하기 위한 R 스크립트이 다 (실습파일 rpart kyphosis.r).

```
library(rpart)
data(kyphosis); str(kyphosis)
tree.1 <- rpart(Kyphosis ~ Age + Number + Start, data = kyphosis)
tree.1
par(mar=c(1,1,1,1), xpd = TRUE)
plot(tree.1)
text(tree.1, use.n = TRUE)
```

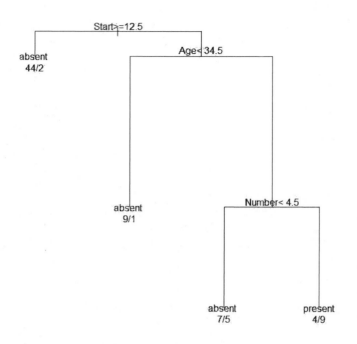

그림 2. Kypho에 대한 나무 모형 2

나무 모형은 `rpart()` 함수에서 `parms` 옵션과 `control` 옵션에 의하여 영향을 받는다. 다음은 몇 개의 예이다.

`parms=list(split="information")`. 분리기준을 정보지수(엔트로피, entropy)로 한다. $Y=1, 0$의 비율이 p, q인 노드 N의 엔트로피는 다음과 같다.

$$I(N) = -p \log p - q \log q.$$

`control=rpart.control(cp=0.05)`.   complexity parameter를 5%로 지정한다. 불순도의 상대적 감소가 5% 미만이면 노드 분리를 종결한다. 디폴트는 1%.

분리 기준을 정보지수(엔트로피)로 하면 그림 2의 나무 모형이 만들어진다:

```
tree.2 <- rpart(Kyphosis ~ Age + Number + Start, data = kyphosis,
            parms = list(split = "information"))
```

```
par(mar=c(1,1,1,1), xpd = TRUE); plot(tree.2)
text(tree.2, use.n = TRUE)
```

그림 1의 나무 모형과 그림 2의 나무 모형은 예측에서 어떤 차이가 있는가를 보자. 다음 2개 교차표는 실제범주(행)과 예측범주(열) 간 대응 관계를 보여준다.

```
> table(kyphosis$Kyphosis, predict(tree.1, type="class"))
          absent present
  absent      53      11
  present      2      15
```

```
> table(kyphosis$Kyphosis, predict(tree.2, type="class"))
          absent present
  absent      60       4
  present      8       9
```

그림 1의 나무 모형은 Kypho가 없는 64례 중에서 11례를 오분류하고 Kypho가 있는 17례 중에서 2례를 오분류하여 총 오류는 13례이다. 반면, 그림 2의 나무 모형은 Kypho가 없는 64례 중에서 4례를 오분류하고 Kypho가 있는 17례 중에서 8례를 오분류하여 총 오류는 12례이다. 총 오류에 있어서는 차이가 1례에 불과하지만 내용에 있어서는 사뭇 다르다 (false positive과 false negative).

앞의 두 나무 모형 중 모형 2에 있어서는 "Kypho 있음(present)"의 예측 수가 13례로 실제 "Kypho 있음(present)"의 17례에 비해 과소한데, 그 이유는 작은 범주가 더욱 적게 예측되었기 때문이다.

훈련자료에서의 목표 범주 불균형은 나무 모형의 생성과 예측에 모두 부정적 영향을 준다. 이를 바로 잡는 한 방법은 개체 별로 종속변수의 범주에 따라 다른 가중치를 주는 것이다. 즉 Kypho "있음(present)"에는 가중치 0.79를 주고 "없음(absent)"에는 가중치 0.21을 주는 것이다.

나무 2에 이 방법을 적용해보자. 분리 기준은 정보지수, 즉 엔트로피이다.

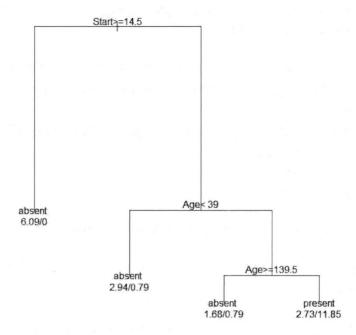

그림 2a. Kypho에 대한 나무 모형 2a

```
kyphosis$wts <- ifelse(kyphosis$Kyphosis=="present", 0.79, 0.21)
tree.2a <- rpart(Kyphosis ~ Age+Number+Start, data=kyphosis,
               parms = list(split = "information"), weights=wts)
par(mar=c(1,1,1,1), xpd = TRUE); plot(tree.2a)
text(tree.2a, use.n = TRUE)
```

그림 2a가 적합된 모형 2a를 보여준다. 이 모형의 분류 성과는 다음과 같다.

```
> table(kyphosis$Kyphosis, predict(tree.2a, type="class"))

         absent present
  absent     51      13
  present     2      15
```

이 나무 모형은 Kypho가 없는 64례 중에서 13례를 오분류하고 Kypho가 있는 17례 중에서 2례를 오분류하여 총 오류는 15례이다. 성과가 모형 1과 유사하다.

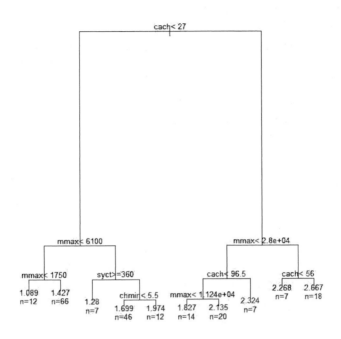

그림 3. 컴퓨터 성능의 나무 모형

요약하자면, 종속변수 범주들의 빈도 불균형은 나무 모형의 생성과 예측에서 문제가 된다. 사전 균형화를 도모하는 한 방법은 범주 별로 범주 크기에 반비례하는 개체 가중치를 부여하는 것이다.

컴퓨터 성능 사례. MASS 팩키지의 cpus 자료는 209개 컴퓨터 CPU의 종합적 성능평가 perf 및 하드웨어 특성에 관한 변수들 syct, mmin, mmax, cach, chmin, chmax을 포함하고 있다. 종속변수 perf의 히스토그램을 살펴보면 큰 값으로 기울어진 정도가 심하므로 로그 변환하여 나무 모형에 투입하기로 한다.

그림 3이 rpart 팩키지의 rpart() 함수의 디폴트 설정으로 생성된 나무 모형이다. 종착 마디(terminal node)가 10개이다. 다음 R 스크립트를 썼다 (실습파일 <u>rpart cpus.r</u>).

```
library(rpart)
data(cpus, package="MASS"); str(cpus)
hist(cpus$perf)
cpus.tree.1 <- rpart(log10(perf) ~ syct+mmin+mmax+cach+chmin+chmax, data=cpus)
windows(height=8,width=8)
par(mar=c(1,1,1,1), xpd = TRUE)
plot(cpus.tree.1, uniform=F)
text(cpus.tree.1, use.n=T, cex=0.8)
pred.err <- log10(cpus$perf) - predict(cpus.tree.1)
mean(pred.err*pred.err)
```

그림 3 모형의 평균 잔차제곱은 0.030이다. 그러나 이것을 예측오차의 평가지표로 하는 것은 부적절하다. 모형 적합(훈련)과 평가(테스트)에 같은 자료가 쓰였기 때문이다. 이를 극복하기 위한 한 방법은 다음과 같다.

1) 원 자료를 중복 허용하여 같은 크기로 뽑아내어 훈련 자료로 한다.
2) 앞에서 뽑히지 않은 나머지 자료를 테스트에 쓴다.[3)]

훈련자료로 적합된 모형에 테스트 자료(표본크기 79)로 평가하였더니 평균 오차제곱이 그림 3 모형의 평균 잔차제곱에 비해 70% 정도 큰 0.052로 나타났다.

```
subsample <- sample(1:209,replace=T)
cpus.train <- cpus[subsample,]
cpus.test <- cpus[-subsample,]
cpus.tree.1 <- rpart(log10(perf) ~ syct+mmin+mmax+cach+chmin+chmax,
                data=cpus.train, control = rpart.control(cp=0.01))
pred.err <- log10(cpus.test$perf)-predict(cpus.tree.1, newdata=cpus.test)
mean(pred.err*pred.err)
length((1:209)[-subsample])
```

앞의 rpart() 함수에서 cp 옵션은 0.01인데 이것을 0.02로 바꾸면 생성되는 나무는 더 간결해진다. 예측오차는 어떻게 바뀔까? cp 옵션 값이 0.02인 경우엔 평

------

3) 반복복원추출로 원표본과 같은 크기의 부표본을 추출하는 경우, 원표본의 63% 정도의 개체들이 부표본에 1회 이상 포함된다.

균 오차제곱이 0.068로 나타난다. 따라서 cp 값은 0.01이 낮다고 볼 수 있다.[4)]

배깅(bagging). 나무 알고리즘의 장점은 유연한 분류·회귀 함수를 산출해내고 읽기 쉬운 형태로 적합모형을 제공하고 한다는 데 있다. 그러나 나무 모형은 안정성이 떨어진다. 투입 데이터에 따라 노드에서의 선택 변수와 분리 값이 쉽게 바뀌는 것이다. 이런 문제는 배깅(bagging; bootstrap aggregation, 붓스트랩 통합)을 통하여 다소 해결이 된다. 배깅 알고리즘은 다음과 같다.

1) 원표본에서 중복을 허용하여 같은 크기의 부표본을 추출하여 모형을 적합한다.

2) 앞 단계를 m번 반복하여 생성된 나무 모형들을 1개 그물에 넣어 통합 모형을 만든다. m개 예측값의 통합은 분류에서는 최빈값(mode)으로 하고 회귀에서는 평균(mean)으로 한다.

kyphosis 자료에 대한 배깅 모형을 만들어보자. 이 자료에서는 목표변수의 2개 범주 간 빈도의 불균형이 심하다. 즉, Kyphosis ="absent" 대 "present"의 비가 64:17, 약 4:1이다. 이를 해결하는 한 방법은 Kyphosis ="present"인 개체를 4 배로 만드는 것이다.

```
data(kyphosis)
kyphosis.present <- kyphosis[kyphosis$Kyphosis=="present",]
kyphosis.absent <- kyphosis[kyphosis$Kyphosis=="absent",]
kyphosis.balanced <- rbind(kyphosis.present, kyphosis.present,
                    kyphosis.present, kyphosis.present, kyphosis.absent)
```

이렇게 생성된 kyphosis.balanced 자료에는 Kyphosis ="absent" 대 "present" 의 비가 64:68이므로 1:1에 가깝다. 이제 kyphosis.balanced 자료에 대한 배깅 모형을 만든다.

R ipred 팩키지의 `bagging()` 함수가 배깅을 제공한다. `bagging()`에서 반복 횟수 m의 디폴트 값은 25이다 (실습파일 <u>bagging kyphosis cpus.r</u>).

---

4) 이상의 예측오차 평가는 매번 달라질 수 있다. 모형적합에 쓰이는 부(sub)표본이 임의 추출되기 때문이다.

```
> library(ipred)
> bag.kyphosis <- bagging(Kyphosis ~ Age + Number + Start,
+                         data = kyphosis.balanced, coob=T)
> bag.kyphosis

Bagging classification trees with 25 bootstrap replications
Call: bagging.data.frame(formula = Kyphosis ~ Age + Number + Start,
    data = kyphosis.balanced, coob = T)
Out-of-bag estimate of misclassification error:  0.0909

> addmargins(table(kyphosis.balanced$Kyphosis,predict(bag.kyphosis)))
        absent present    Sum
  absent     53      11     64
  present     0      68     68
  Sum        53      79    132
```

위의 재분류표에 의하면 Kyphosis ="present"인 개체들은 모두 "present"로 예측됨으로써 오류는 없다. Kyphosis ="absent"인 64개 개체들 중 "present"로 잘못 예측된 개체 수가 11개로 나타났다. [위 출력은 R 실행 시마다 달라진다]

다음으로 cpus 자료에 대한 배깅을 해보자 ($m = 25$).

```
data(cpus)
cpus.bag <- bagging(log10(perf)~syct+mmin+mmax+cach+chmin+chmax,
                data=cpus, coob=T)
```

이에 따라 통합모형이 생성된다. 이 모형의 오류율은 다음과 같다.[5]

```
> cpus.bag

  Bagging regression trees with 25 bootstrap replications
  Call: bagging.data.frame(formula = log10(perf) ~ syct + mmin + mmax +
      cach + chmin + chmax, data = cpus, coob = T)
  Out-of-bag estimate of root mean squared error:  0.1982
```

---

[5] cpus 모형에서 평균제곱오차(mean squared error)가 0.1982^2, 즉 0.039이다. 오류율은 확률적 추정치이므로 실행 시마다 달라질 수 있다.

2. 랜덤 포리스트 (Random Forests)

Breiman의 랜덤 포리스트(random forests)는 다음 알고리즘으로 분류 및 예측 모형을 만든다. 분석 표본의 개체 수를 n이라고 하고 변수의 수를 p라고 하자.

1) 원 표본에서 중복을 허용하여 같은 크기의 부표본을 추출하여 훈련자료로 한다. 뽑히지 않은 개체들은 테스트 표본으로 한다.

2) 훈련자료를 나무 알고리즘에 투입하되 각 노드에서 $q(<p)$개의 변수를 비복원 임의 추출하여 쓰고 나무를 최대한 크게 만든다.[6]

3) 앞의 두 단계를 m번 반복하여 산출된 모형들을 통합한다.

randomForest 팩키지의 randomForest() 함수를 써서 랜덤 포리스트 모형을 만들 수 있다. 다음은 kyphosis 사례이다 (실습파일 random forest model.r).

kyphosis 자료의 목표 범주 간 불균형이 해소된 kyphosis.balanced 자료로부터 랜덤 포리스트(RF) 모형을 만들어 보자.

```
library(rpart)
data(kyphosis); str(kyphosis)
kyphosis.present <- kyphosis[ kyphosis$Kyphosis=="present",]
kyphosis.absent <- kyphosis[ kyphosis$Kyphosis=="absent",]
kyphosis.balanced <- rbind(kyphosis.present, kyphosis.present,
                   kyphosis.present, kyphosis.present, kyphosis.absent)
library(randomForest)
RF.1 <- randomForest(Kyphosis ~ Age+Number+Start,
                   data=kyphosis.balanced, var.importance=TRUE)
```

산출 모형은 다음과 같다. 각 마디에서는 1개의 변수를 임의추출하여 썼다. 500 회($=m$) 반복으로 얻은 통합모형의 오류율은 8.3%이다.

---

6) q의 디폴트 값은 분류의 경우 $q=[\sqrt{p}]$이고 회귀의 경우는 $q=\max([p/3],1)$이다.

```
> RF.1
 Type of random forest: classification
 Number of trees: 500
 No. of variables tried at each split: 1
 OOB estimate of  error rate: 8.33%

 Confusion matrix:
        absent present class.error
 absent     53      11   0.171875
 present     0      68   0.000000

 > RF.1$importance
        MeanDecreaseGini
 Age          21.72440
 Number       12.56077
 Start        25.21788
```

변수 중요도는 Gini 평균 감소량(MeanDecreaseGini) 기준에 따라 Start > Age
> Number의 순서로 나타났다.

다음은 cpus 사례이다 (회귀).

```
data(cpus, package="MASS"); str(cpus)
RF.2 <- randomForest(log10(perf)~syct+mmin+mmax+cach+chmin+chmax,
            data=cpus,importance=TRUE)
RF.2
varImpPlot(RF.2)
```

산출 모형은 다음과 같다. 각 마디에서는 2개의 변수를 임의추출하여 썼다. 500
회($=m$) 반복으로 얻은 통합모형의 평균제곱잔차는 0.025이다.

```
> RF.2

 Number of trees: 500
 No. of variables tried at each split: 2
 Mean of squared residuals: 0.02459173
 % Var explained: 88.08
```

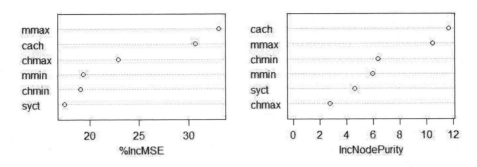

그림 4. cpus 랜덤 포리스트 모형에서 예측변수의 중요도

그림 4는 예측변수의 중요도를 보여준다. MSE의 퍼센트 증가(%IncMSE) 기준을 따르면 중요도의 순서는 mmax > cach > chmax > mmin > chmin > syct 이고, 노드 순도의 증가(IncNodePurity) 기준을 따르면 중요도의 순서는 cach > mmax > chmin > mmin > syct > chmax이다.

부록. SPSS의 활용

데이터 파일 열기: kyphosis_balanced.sav (132개 줄, 4개 변수)

	Kyphosis	Age	Number	Start
1	present	128	4	5
2	present	59	6	12
3	present	82	5	14
4	present	105	6	5
5	present	96	3	12
6	present	15	7	2
7	present	52	5	6
8	present	91	5	12
9	present	73	5	1

Analyze ▶ RanFor Estimation

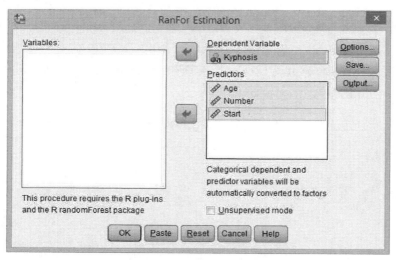

- Dependent Variable: 종속변수인 Kyphosis를 지정한다.
- Predictors: 설명변수인 나이(Age, 단위 月), 척추 시작번호(Start)와 척추 수 (Number)를 지정한다.

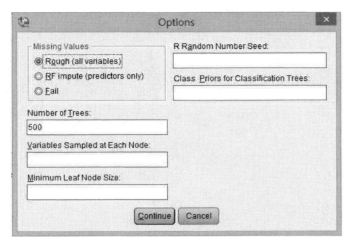

- Missing Value: Rough (all variables)로 지정한다.
- Number of Trees: 반복 횟수로 500회를 지정한다.

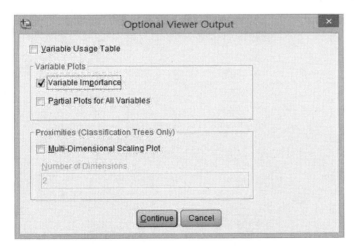

- 설명변수의 중요도 확인을 위해 Variable Importance를 지정한다.

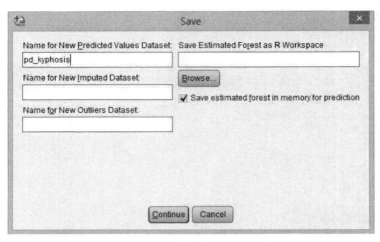

- 추정 모형을 통한 예측값을 확인하기 위해 Dataset을 지정한다.
- Save estimated forest in memory for prediction을 체크하여 추정된 모형
  을 통해 새로운 dataset의 예측값을 계산할 수 있다. 모형 추정 완료 후,
  Analyze ▶ Ranfor Prediction 에서 새로운 dataset으로 예측 작업을 수행할
  수 있다.

Analyze ▶ Ranfor Prediction

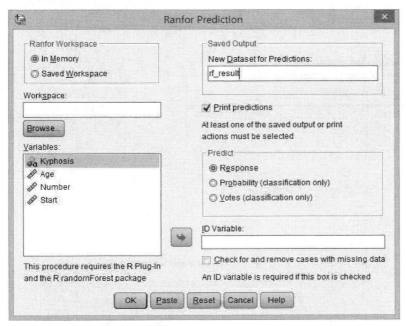

- Analyze ▶ Ranfor Prediction에서 추정된 모형을 통해 새로운 dataset으로
  예측 작업을 수행할 수 있다.
- Ranfor Workspace: 예측에 사용할 모형이 In Memory에 저장되어 있는지
  Saved Workspace에 저장되어 있는지 선택한다.
- Saved Output: 예측 결과를 출력할 dataset 이름을 지정한다.
- Print predictions: 출력결과 창에 예측 결과를 출력 여부를 선택한다.
- ID Variable: 레코드에 대한 ID 식별변수가 있는 경우 지정한다.

출력:

Confusion Matrix of Predictions

Kyphosis	Predicted			
	present	absent	Class Error	Row Total
present	68.000	.000	.000	68.000
absent	11.000	53.000	.172	64.000
Column Total	79.000	53.000	.083	132.000

Rows are actuals; columns are predicted. Last Class Error is the overall error rate.

- 500회 반복으로 얻은 모형의 오분류율은 8.3%이다.

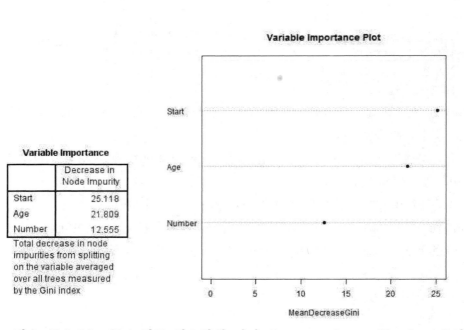

Variable Importance Plot

Variable Importance

	Decrease in Node Impurity
Start	25.118
Age	21.809
Number	12.555

Total decrease in node impurities from splitting on the variable averaged over all trees measured by the Gini index

- 변수 중요도는 Gini 평균 감소량에 따라 Start > Age > Number 순서임을 알 수 있으며, Plot으로도 확인할 수 있다.

데이터 파일 열기: cpus.sav (209개 줄, 9개 변수)

	name	syct	mmin	mmax	cach	chmin	chmax
1	ADVI	125	256	6000	256	16	128
2	AMDA	29	8000	32000	32	8	32
3	AMDA	29	8000	32000	32	8	32
4	AMDA	29	8000	32000	32	8	32
5	AMDA	29	8000	16000	32	8	16
6	AMDA	26	8000	32000	64	8	32
7	AMDA	23	16000	32000	64	16	32
8	AMDA	23	16000	32000	64	16	32
9	AMDA	23	16000	64000	64	16	32

Transform ▶ Compute Variable

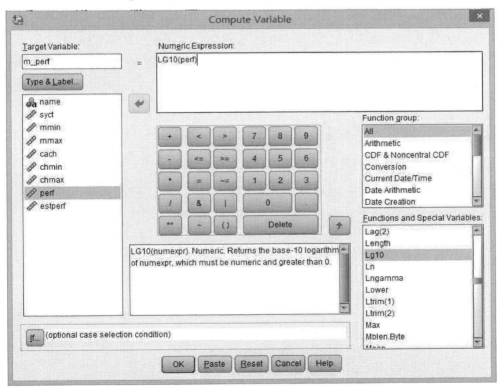

- 종속변수인 perf가 큰 값으로 기울어진 정도가 심해 로그 변환하여 사용하기 위해 m_perf 변수를 생성한다.

Analyze ▶ RanFor Estimation

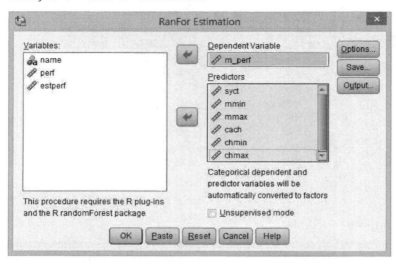

- Dependent Variable: 로그 변환된 m_perf를 종속변수로 지정한다.
- Predictors: 설명변수인 syct, mmin, mmax, cash, chmin, chmax를 지정한다.

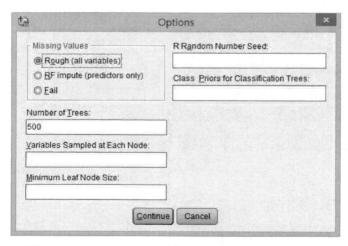

- Missing Value: Rough (all variables)로 지정한다.
- Number of Trees: 반복 횟수로 500회를 지정한다.

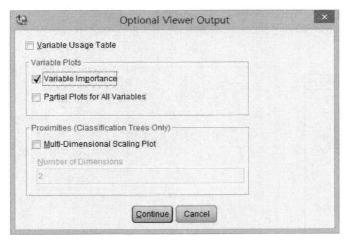

- 설명변수의 중요도 확인을 위해 Variable Importance를 지정한다.

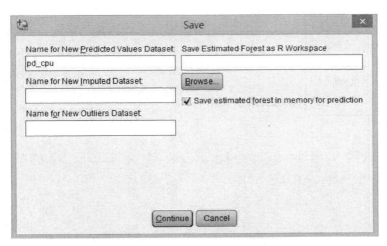

- 추정 모형을 통한 예측값을 확인하기 위해 dataset을 지정한다.
- Save estimated forest in memory for prediction을 체크하여 추정된 모형
  을 통해 새로운 dataset의 예측값을 계산할 수 있다. 모형 추정 완료 후,
  Analyze ▶ Ranfor Prediction 에서 새로운 dataset으로 예측 작업을 수행할
  수 있다.

출력:

Random Forest Summary

	Statistics
Tree Type	regression
Dependent Variable	m_perf
Predictors	syct mmin mmax cach chmin chmax
Trees	500
Variable Tries Per Split	2
Predictor Imputation	rough
Residual Mean Square	0.024754925 7061718
Explained Variance Percentage	0.880220853 04845
Tree Size Terminal Nodes: 1st Quartile	63
Tree Size Terminal Nodes: Median	65
Tree Size Terminal Nodes: 3rd Quartile	68
Random Number Seed	Not Set
Forest Workspace	--Not saved--
Workspace retained in memory	No

Random Forest computed by R
randomForest package

- 각 마디에서 2개의 변수를 임의추출하여 사용된 것을 알 수 있으며, 500회 반
  복으로 모형의 평균제곱잔차는 0.025이다.

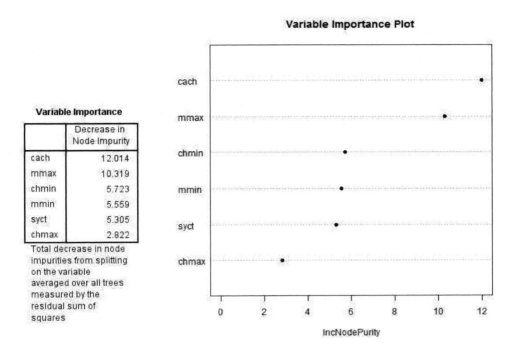

Variable Importance

	Decrease in Node Impurity
cach	12.014
mmax	10.319
chmin	5.723
mmin	5.559
syct	5.305
chmax	2.822

Total decrease in node impurities from splitting on the variable averaged over all trees measured by the residual sum of squares

- 변수 중요도는 노드 불순도 감소 및 순도 증가 기준에 따라 cash > mmax > chmin > mmin > syct > chmax 순서임을 알 수 있다.

14장. 잠재 층 분석 latent class analysis [1]

일련의 택일형 문항에 대하여 n명이 응답한 자료를 분석하고자 한다고 하자. 응답자 중 어느 2인도 같은 응답을 내지 않았더라도 사람들을 몇 개의 유형 군으로 나누어볼 수 있다는 것이 잠재 층 분석의 기본 전제이다. 이때 응답자들의 유형군은 그들이 드러낸 의견으로부터 유추된다. 그러기에 응답자들의 유형군을 잠재 층(latent class)이라고 한다. 이 장에서는 잠재 층 분석(latent class analysis)의 방법을 설명하고 R "poLCA" 팩키지의 활용 보기를 제시할 것이다.

1. 범주형 응답과 이에 대한 통계적 모형

J개의 태도 진술에 대하여 사회 구성원의 찬성(1)·반대(2) 의견을 조사하였다고 하자. 모든 가능한 응답조합은 2^J 개이다 (J가 10이면 조합 수는 1024개). 따라서 응답자 수 n이 1,000을 훨씬 넘는다고 하더라도 어떤 조합에서는 해당하는 케이스가 없을 수 있다. J개의 진술(항목)들이 연관되어 있기 때문이다.

잠재 층 분석의 1차 목표는 J개 항목에 대한 범주형 응답 $Z_1, \cdots, Z_J$를 토대로 n명의 응답자들을 R개의 클래스(층)로 나누는 데 있다. 이때 $R(=2, 3, \cdots)$의 값은 일단 주어져야 하지만 자료 분석을 통해 사후적으로 선택될 수도 있다.

이를 위해 다음과 같이 표기하자.

- R개 층(클래스)의 구성 비율: $p_1, \cdots, p_R$ $(p_1 + \cdots + p_R = 1)$.

- 층 r의 개체가 항목 j의 범주 k에 반응할 확률: π_{rjk}. 이것은 r에 따라 다르다. 여기서 $\sum_{k=1}^{K_j} \pi_{rjk} = 1$ (각 r과 j에 대하여).

---

[1] 이 장의 본문은 <응용데이터분석>의 2장과 같다 (허명회 2014, 자유아카데미).

- 관측자료: y_{ijk} , $i = 1, \cdots, n$; $j = 1, \cdots, J$; $k = 1, \cdots, K_j$.

   * y_{ijk} 는 개체 i 가 항목 j 의 범주 k 에 반응하면 1이고 아니면 0이다.

   * 개체(응답자) i 의 응답: $\boldsymbol{y}_i$ ($\sum_j K_j \times 1$).

이러한 자료에 대해 잠재 층 분석에서는 다음 확률 모형이 가정된다.[2]

$$\boldsymbol{y}_i \text{ given } r: \qquad f(\boldsymbol{y}_i \mid r) = \prod_j \prod_k \pi_{rjk}^{y_{ijk}}.$$

따라서

$$f(\boldsymbol{y}_i) = \sum_r p_r \left(\prod_j \prod_k \pi_{rjk}^{y_{ijk}} \right) \text{ for } i = 1, \cdots, n$$

이고 (혼합다항분포), 로그 가능도는 다음과 같이 주어진다.

$$\log L = \sum_i \log \Big[\sum_r p_r \prod_j \prod_k \pi_{rjk}^{y_{ijk}} \Big].$$

$\log L$ 을 최대화하는 파라미터 $\{ \hat{p}_r, \hat{\pi}_{rjk} \}$ 를 찾기 위해, EM 알고리즘과 뉴튼-라프슨(Newton-Raphson) 방법을 쓴다.

이렇듯, 잠재 층 모형은 일종의 혼합분포 모형이다. 베이즈적 관점에서, 응답자 i 가 층 r 에 속할 확률을 다음과 같이 사전 단계와 사후 단계에서 볼 수 있다.

   - 사전확률: p_r , $r = 1, \cdots, R$.

   - 사후확률: $\dfrac{p_r P(\boldsymbol{y}_i \mid r)}{\sum_r p_r P(\boldsymbol{y}_i \mid r)}$, $r = 1, \cdots, R$.

각 개체의 소속 층을 알기 위해서는, 각 개체에 대하여 사후확률이 큰 r 을 찾으면 된다. 2개 이상의 층에 걸치는 개체들이 나타날 수 있다.

---

[2] 이 모형에서는 각 층에서 J 개 범주형 변수들이 독립적이다.

2. values 사례와 모형 선택

R "poLCA" 팩키지의 `values` 자료는 지역주의-세계주의 가치관과 관련된 4개 문항 A, B, C, D를 포함하는 설문지 조사에서 얻어졌다. 각 문항에 대한 응답은 '지역주의 particularistic (1)', '세계주의 universalistic (2)'의 이항형이다. 216 명이 응답하였다.

R "poLCA" 팩키지의 `poLCA( )`는 잠재 층 분석을 해내는 함수이다.

R 스크립트 "lca_1.r"

```
> library(poLCA)
> data(values)
> f <- cbind(A,B,C,D) ~ 1
> set.seed(123)
> M2 <- poLCA(f, values, nclass=2)

  Conditional item response (column) probabilities, by outcome variable,
  for each class (row)

  $A
            Pr(1)  Pr(2)
  class 1:  0.2864 0.7136
  class 2:  0.0068 0.9932

  $B
            Pr(1)  Pr(2)
  class 1:  0.6704 0.3296
  class 2:  0.0602 0.9398

  $C
            Pr(1)  Pr(2)
  class 1:  0.6460 0.3540
  class 2:  0.0735 0.9265

  $D
            Pr(1)  Pr(2)
  class 1:  0.8676 0.1324
  class 2:  0.2309 0.7691
```

```
Estimated class population shares
 0.7208 0.2792

Predicted class memberships (by modal posterior prob.)
 0.6713 0.3287

Fit for 2 latent classes:
number of observations: 216
number of estimated parameters: 9
residual degrees of freedom: 6
maximum log-likelihood: -504.4677

AIC(2): 1026.935
BIC(2): 1057.313
G^2(2): 2.719922 (Likelihood ratio/deviance statistic)
X^2(2): 2.719764 (Chi-square goodness of fit)
```

R 출력에서 Conditional item response probabilities를 보면 층 1은 지역주의
적(particularistic)이고 층 2는 세계주의적(universalistic)이다.

216명 응답자들 중 층 1과 층 2의 비율은 어느 정도일까? Estimated class
population shares를 보면 되는데, 사전적으로 (모집단 전체로는) 층 1이 72%이
고 층 2는 28%이다.[3] 개체 별 소속 층을 보기 위해서 poLCA의 출력 오브젝트
M2에서 사후확률 M2$posterior를 살펴볼 필요가 있다. 그림 1은 층 1 사후확률
M2$posterior[,1]의 히스토그램이다.

그림 1에서 특이한 점은 중앙의 (0.4, 0.6) 구간에 다수의 개체들이 존재한다는
점이다. 해당 응답자들은 'particularistic' 태도와 'universalistic' 태도를 모두
가지고 있는 것으로 보여진다. 다음은 그림 1의 작성에 쓰인 R 스크립트이다.

```
> hist(M2$posterior[,1], nclass=20, main="Posterior", xlab="class 1")
```

---

3) 잠재 층 분석(LCA)에서 층의 레이블은 임의적이다. 즉, 이 계산에서는 층 1이 '지역주
   의' 성향이고 층 2가 '세계주의' 성향으로 나타났지만, 재계산에서는 반대로 나타날 수
   있다. 또한 poLCA( )의 출력 결과가 국소 최적(local optimum)일 가능성도 배제할 수
   없다. 이를 막는 최선의 방법은 초기점을 달리하여 알고리즘을 여러 번 돌려보는 것이
   다 (poLCA( )에서 인수 nrep을 활용).

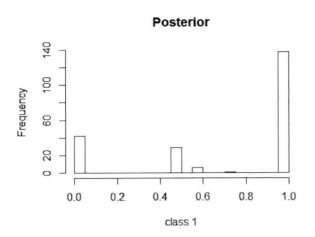

그림 1. 층 1 소속 확률의 히스토그램

이제까지의 잠재 층 분석에서는 층의 수가 2였다. 앞서 관찰한 중간 그룹의 존재를 염두에 두어, 층의 수가 3인 잠재 층 분석을 시도해보기로 하자. 수렴하는 수치 해를 얻는 데 문제가 있어 옵션 maxiter의 값을 10배 늘려 잡았다 (1000에서 10000으로). 다음은 일부 R 출력이다.

```
> set.seed(123)
> M3 <- poLCA(f, values, nclass=3, maxiter=10000)

 Estimated class population shares
  0.2003 0.6037 0.1961

 Predicted class memberships (by modal posterior prob.)
  0.1944 0.6713 0.1343

 Fit for 3 latent classes:
 number of observations: 216, number of estimated parameters: 14
 residual degrees of freedom: 1
 maximum log-likelihood: -503.3011

 AIC(3): 1034.602
 BIC(3): 1081.856
 G^2(3): 0.3868562 (Likelihood ratio/deviance statistic)
 X^2(3): 0.4225492 (Chi-square goodness of fit)
```

모형 M2와 모형 M3의 비교에 유용한 통계적 기준은 AIC (Akaike Information Criterion)와 BIC (Bayesian Information Criterion)이다. M2의 AIC가 1026.9, M3의 AIC가 1034.6으로 M2의 AIC가 더 작다. BIC로 비교해보아도 M2가 더 작다. 따라서 `values` 자료에 대하여는 잠재 층이 2개인 모형이 선호된다.

3. 잠재 층 회귀 모형

개체 별로 응답에 공변량이 붙어 있는 경우, 우리는 잠재 층 모형을 확장한 잠재 층 회귀 모형(latent class regression model)을 고려할 수 있다.

응답자 i에 붙은 공변량을 x_i라고 하자. 앞에서는 모든 개체에서 층의 사전 확률이 같았지만 이제부터는 공변량을 고려하여 다음과 같이 사전확률 $p_{i1}, \cdots, p_{iR}$을 설정한다.

$$\log \frac{p_{ir}}{p_{i1}} = x_i^t \beta_{r,} \;\; r = 2, \cdots, R.$$

따라서 최대화를 해야 할 로그 가능도가 다음과 같이 바뀐다.

$$\log L = \sum_i \log \left[\sum_r p_{ir} \prod_j \prod_k \pi_{rjk}^{y_{ijk}} \right].$$

election 사례

이 자료는 2000년 American National Election Study에서 나온 것으로 1785명이 응답하였다. 질문 항목은 민주당 후보인 Al Gore와 공화당 후보인 George Bush의 도덕성(moral), 친애감(caring), 지식(knowledgable), 지도자 자질(good leader), 비정직성(dishonest), 지적 능력(intelligent)에 대한 의견이며 4점 척도이다 (1: extremely well, 2: quite well, 3: not too well, 4: not well at all). 여기서 공변량은 7점 척도의 정당성(**PARTY**)이다 (1: strong democrat, $\cdots$, 7: strong republican).

R 스크립트 "lca_2.r"[4)]

```
> library(poLCA)
> data(election)

> set.seed(1234)
> f.1 <- cbind(MORALG, CARESG, KNOWG, LEADG, DISHONG, INTELG,
+            MORALB, CARESB, KNOWB, LEADB, DISHONB, INTELB) ~ PARTY
> lcrm.1 <- poLCA(f.1, election, nclass=3, nrep=5)

  ⋮

  Estimated class population shares
   0.2736 0.3859 0.3405

  Predicted class memberships (by modal posterior prob.)
   0.2769 0.3815 0.3415

  Fit for 3 latent classes:
  -----
  2 / 1
              Coefficient  Std. error  t value  Pr(>|t|)
  (Intercept)   -1.16155     0.17989    -6.457        0
  PARTY          0.57436     0.06401     8.973        0
  -----
  3 / 1
              Coefficient  Std. error  t value  Pr(>|t|)
  (Intercept)   -4.97967     0.32771   -15.195        0
  PARTY          1.36762     0.08081    16.924        0

  number of observations: 1300
  number of estimated parameters: 112
  residual degrees of freedom: 1188
  maximum log-likelihood: -16222.32

  AIC(3): 32668.65
  BIC(3): 33247.7
  X^2(3): 34565230862 (Chi-square goodness of fit)
```

---

4) 앞서 말한 대로, 층 번호(레이블)는 R 실행시마다 달라질 수 있다. 이를 고정시키기 위하여 초기값 설정을 하였다: set.seed(1234)

로지스틱 적합(Fit for 3 latent classes)을 살펴보면 층 1은 'Democrat', 층 2
는 'Independent', 층 3은 'Republican'이 맞다. 그런데 3개 층의 혼합비율이
27.4%, 38.6%, 34.1%이므로 민주당(Democratic)의 Gore가 공화당(Republican)
의 Bush에 비하여 열세인 판국으로 볼 수 있다.

그림 2는 삼각형 좌표에 개체의 사후 확률을 플롯한 그래프이다. vcd 팩키지의
ternaryplot( ) 함수를 사용하였다.

```
> library(vcd)
> colnames(lcrm.1$posterior) <- c("Democrat","Independent","Republican")
> ternaryplot(lcrm.1$posterior, cex=0.5, main="election study",
+          col=c("red","green","blue")[lcrm.1$predclass])
```

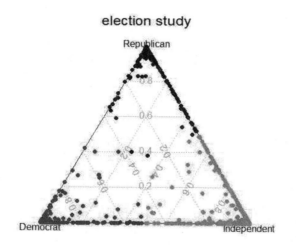

그림 2. election 자료의 층 사후확률

----

4. 응용: 잠재 층에 대한 로지스틱 회귀

잠재 층 모형에서 도출되는 개체(응답자) 별 예측 층을 새로운 종속변수로 활용하는 응용 예를 제시하기로 한다. 여기서 개체 별 예측 층(predicted class)이란 개체 별로 사후확률이 가장 큰 층이다.

3절의 election 자료에 대하여 공변량 없고 층의 수가 3인 잠재 층 모형을 고려하자. 그 모형에서 얻어지는 예측 층 $Z(=1, 2, 3)$ 중에서 'Independent'(3)를 제외하여 'Democratic'(1)과 'Republican'(2)이 남은 subset에서, 'Democratic'(1) vs. 'Republican'(2)이 4개의 공변량 AGE(A), GENDER(G), EDUC(E), PARTY(T)와 어떤 관계에 있는가를 로지스틱 회귀 모형으로 살펴보기로 한다.[5] 즉

$$\log \frac{P[Z=2 \mid A, G, E, T]}{P[Z=1 \mid A, G, E, T]} = \beta_0 + \beta_1 A + \beta_2 G + \beta_3 E + \beta_4 T.$$

R 스크립트 "lca_3.r"

```
> library(poLCA)
> data(election)
>
> f.2 <- cbind(MORALG, CARESG, KNOWG, LEADG, DISHONG, INTELG,
               MORALB, CARESB, KNOWB, LEADB, DISHONB, INTELB) ~ 1
> set.seed(123)
> lca.2 <- poLCA(f.2, election, nclass=3, nrep=5, na.rm=FALSE)

 Conditional item response (column) probabilities, by outcome variable, for
 each class (row)

 $MORALG
          1 Extremely well 2 Quite well 3 Not too well 4 Not well at all
 class 1:         0.5915         0.3633         0.0199            0.0253
 class 2:         0.1446         0.3649         0.2677            0.2228
 class 3:         0.1057         0.6650         0.2093            0.0200
   :
```

----

[5] 앞서 말한 대로, 층 번호(레이블)는 R 실행시마다 달라질 수 있다. 이를 고정시키기 위하여 초기값 설정을 하였다: set.seed(123)

$INTELG

	1 Extremely well	2 Quite well	3 Not too well	4 Not well at all
class 1:	0.6892	0.2682	0.0136	0.0291
class 2:	0.2295	0.4905	0.1945	0.0855
class 3:	0.0585	0.8271	0.1039	0.0106

$MORALB

	1 Extremely well	2 Quite well	3 Not too well	4 Not well at all
class 1:	0.1317	0.3768	0.3318	0.1596
class 2:	0.5157	0.4374	0.0336	0.0133
class 3:	0.0440	0.6771	0.2470	0.0319

⋮

$INTELB

	1 Extremely well	2 Quite well	3 Not too well	4 Not well at all
class 1:	0.1581	0.3840	0.2743	0.1836
class 2:	0.4600	0.5133	0.0243	0.0024
class 3:	0.0284	0.7182	0.2238	0.0296

Estimated class population shares
 0.2779 0.2908 0.4313

Predicted class memberships (by modal posterior prob.)
 0.2723 0.284 0.4437

⋮

```
> subset <- (lca.2$predclass != 3)
> election$Z.1 <- lca.2$predclass-1
> logistic <- glm(Z.1 ~ AGE+GENDER+EDUC+PARTY,data=election[subset,],
+                 family=binomial())

> summary(logistic)

Coefficients:
            Estimate Std. Error z value Pr(>|z|)
(Intercept) -2.270690   0.517427  -4.388 1.14e-05 ***
AGE         -0.008117   0.005593  -1.451   0.1467
GENDER      -0.224449   0.192428  -1.166   0.2435
EDUC        -0.153198   0.060783  -2.520   0.0117 *
PARTY        1.027711   0.059048  17.405  < 2e-16 ***
---
Signif. codes:  0 '***' 0.001 '**' 0.01 '*' 0.05 '.' 0.1 ' ' 1
```

```
(Dispersion parameter for binomial family taken to be 1)

    Null deviance: 1352.61  on 975  degrees of freedom
Residual deviance:  724.34  on 971  degrees of freedom
  (17 observations deleted due to missingness)
AIC: 734.34

Number of Fisher Scoring iterations: 5
```

R poLCA( ) 출력 결과의 내용을 살펴보면, 층 3이 'Independent'이고 층 1과 층 2가 각각 'Democratic'과 'Republican'임이 확실하다. 'Democratic' 대비 'Republican'의 로그 오즈를 로지스틱 회귀 모형에서 살펴본 결과, PARTY는 당연히 양 부호로 나타나 있고 통계적으로도 매우 유의하다. AGE와 GENDER는 유의하지 않지만 EDUC은 매우 유의하고 음 부호를 취한다. 이것은 학력(EDUC)이 높을수록 'Democratic' 대비 'Republican'의 로그 오즈가 감소함을 말한다. 즉, 학력이 높아짐에 따라 'Republican' 선호도가 작아지고 대신 Democratic 선호도가 커지는 경향이 있다.

5. 그 밖의 혼합분포 모형

R에는 혼합분포 모형(분석)을 위한 팩키지로 poLCA 외에 mclust와 flexmix가 있는데, 앞에서 본대로 잠재 층 모형(latent class model)은 혼합분포(mixture distribution)와 밀접한 관련이 있다.

다음은 mclust 팩키지와 flexmix 팩키지에 대한 간단한 소개이다.

mclust 팩키지. $p \times 1$ 다변량 관측 $y_1, \cdots, y_n$이 혼합 다변량 정규분포(mixture multivariate normal distribution)를 따른다고 가정한다. 즉,

$$f(y_i) = \sum_{g=1}^{G} \pi_g \, \phi(y_i ; \mu_g, \Sigma_g),$$

여기서 $\pi_1, \cdots, \pi_G$는 G개 집단의 혼합비율이고 $\phi(y ; \mu_g, \Sigma_g)$는 평균 벡터($p \times 1$)

가 μ_g이고 공분산 행렬$(p \times p)$이 Σ_g인 p-변량 정규분포이다. Mclust( ) 함수는 EM 알고리즘으로 혼합 정규분포를 적합해내고 BIC(베이지안 정보량 기준) 통계량을 산출한다. $\Sigma_1, \cdots, \Sigma_G$에 대해 spherical, diagonal, ellipsoidal 등 다양한 형태를 설정할 수 있다.

flexmix 팩키지. 다수의 성분모형을 혼합하여 y를 x로 설명하는 회귀모형을 적합해낸다. 성분모형으로 선형회귀뿐만 아니라 로지스틱 회귀·포아송 회귀와 같은 일반화선형모형도 허용한다. 시장 세분화(market segmentation) 분야의 응용에서 특유의 강점이 있다.

부록. SPSS의 활용

데이터 파일 열기: values.sav (216개 줄, 4개 변수)

	A	B	C	D
1	2	2	2	2
2	2	2	2	2
3	2	2	2	2
4	2	2	2	2
5	2	2	2	2
6	2	2	2	2
7	2	2	2	2
8	2	2	2	2
9	2	2	2	2
10	2	2	2	2
11	2	2	2	2
12	2	2	2	2
13	2	2	2	2
14	2	2	2	2
15	2	2	2	2

Analyze ▶ Loglinear ▶ Latent Class Analysis

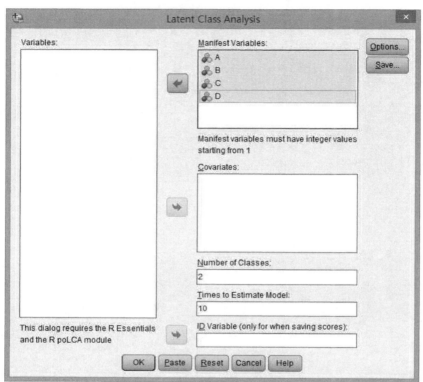

- Manifest Variables: 범주형 응답 변수를 지정한다. 여기에서는 A, B, C, D가 그 대상이다.
- Number of Classes: 생성할 잠재층 수를 입력한다.
- Time to Estimate Model: 모형을 추정할 횟수를 입력한다.

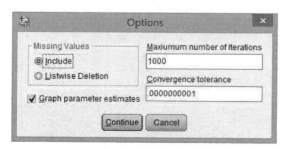

- Missing Values: 결측값 처리 방법을 지정한다.

Listwise delection: 결측값을 포함하고 있는 행을 분석에서 제외한다.

Use all available data: 사용 가능한 모든 데이터를 사용한다.

- Maximum number of iterations: 최대 반복 횟수를 지정한다. 디폴트인 1000으로 실행한다.

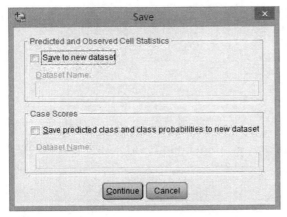

- ID별 관측값 및 예측값, 스코어 등을 데이터 편집기에 저장할 수 있다.

출력:

Fit Statistics for 2 Latent Classes

	Statistic
Number of Cases	216.000
Number of Complete Cases	216.000
Number of Parameters Estimated	9.000
Residual D.F	6.000
Maximum Log-Likelihood	-504.468
AIC(2)	1026.935
BIC(2)	1057.313
LR/Deviance(2)	2.720
Chi-squared(2)	2.720
Number of repetitions	10.000

- 모형의 요약 정보가 출력된다. Maximum Log-Likelihood, AIC 등을 확인할 수 있다.

Estimated Class Conditional Probabilities

Variable	Class	Probabilities 1	Probabilities 2
A	1	.007	.993
	2	.286	.714
B	1	.060	.940
	2	.670	.330
C	1	.073	.927
	2	.646	.354
D	1	.231	.769
	2	.868	.132

- 층 1이 세계주의적(universalistic)이고 층2는 지역주의적(particularistic)이다.

Latent Class Proportions

	Proportion
1	.279
2	.721

- 216명의 응답자들 중에 층 1과 층 2의 비율은 각각 27%, 72%임을 알 수 있다.

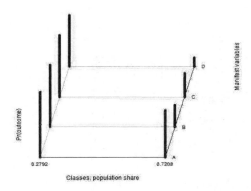

- 각 층별 A, B, C, D 응답자의 분포를 확인할 수 있다.

동일한 데이터에서 잠재 층의 수를 3으로 지정하여 분석해 보자.

Analyze ▶ Loglinear ▶ Latent Class Analysis

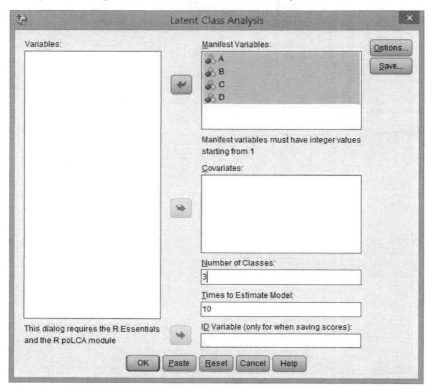

- Manifest Variables: 범주형 응답 변수 A, B, C, D를 지정한다.
- Number of Classes: 생성할 잠재층 수 3을 입력한다.
- Time to Estimate Model: 모형을 추정할 횟수 10을 입력한다.

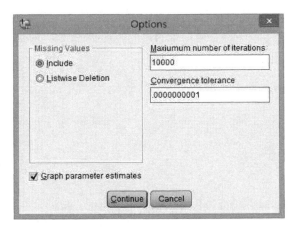

- MaxImum number of iterations를 10000으로 지정한다.

출력:

Fit Statistics for 3 Latent Classes

	Statistic
Number of Cases	216.000
Number of Complete Cases	216.000
Number of Parameters Estimated	14.000
Residual D.F	1.000
Maximum Log-Likelihood	-503.301
AIC(3)	1034.602
BIC(3)	1081.856
LR/Deviance(3)	.387
Chi-squared(3)	.423
Number of repetitions	10.000

- 모형의 요약 정보가 출력된다. Maximum Log-Likelihood, AIC 등을 확인할
  수 있다.

Estimated Class Conditional Probabilities

Variable	Class	Probabilities 1	Probabilities 2
A	1	.166	.834
	2	.552	.448
	3	.003	.997
B	1	.521	.479
	2	.925	.075
	3	.024	.976
C	1	.564	.436
	2	.737	.263
	3	.007	.993
D	1	.808	.192
	2	.929	.071
	3	.102	.898

- 각 층별 응답 확률을 알 수 있다.

Latent Class Proportions

	Proportion
1	.604
2	.195
3	.200

- 응답자들 중에 층 1과 층 2, 층 3의 비율은 각각 60%, 19%, 20%임을 알 수 있다.

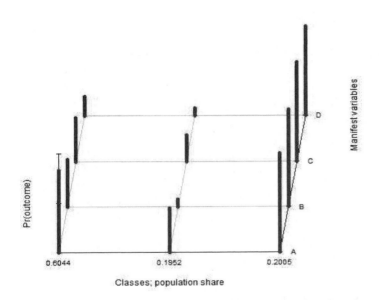

AIC와 BIC를 잠재층이 2개인 결과와 비교했을 때 잠재층 2개인 모형이 선호된
다.

데이터 파일 열기: election.sav (1785개 줄, 18개 변수)

	V1	MORALG	CARESG	KNOWG	LEADG	DISHONG	INTELG
1	1	3	1	2	2	3	2
2	2	4	3	4	3	2	2
3	3	1	2	2	1	3	2
4	4	2	2	2	2	2	2
5	5	2	4	2	3	2	2
6	6	2	3	3	2	2	2
7	7	2	.	2	2	4	2
8	8	2	2	2	2	3	2
9	9	2	2	2	3	4	2
10	10	1	1	1	1	4	1
11	11	2	2	2	2	3	2
12	12	2	2	2	2	3	2
13	13	2	3	2	2	3	2
14	14	1	2	2	3	3	2

Analyze ▶ Loglinear ▶ Latent Class Analysis

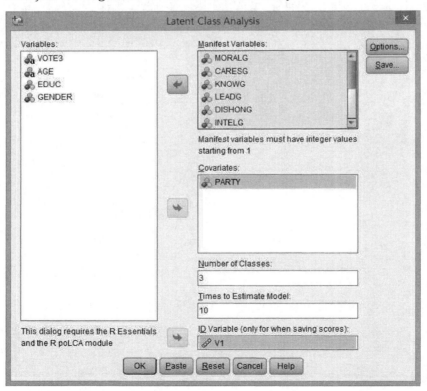

- Manifest Variables: 범주형 응답 변수를 지정한다. MORALG부터 INTELB까
  지 지정한다.
- Covariates: 공변량 변수인 PARTY를 지정한다.
- Number of Classes: 생성할 잠재층 수를 입력한다.
- Time to Estimate Model: 모형을 추정할 횟수를 입력한다.
- ID Variable: 스코어를 저장하기 위해서는 ID 변수를 입력해줘야 한다.

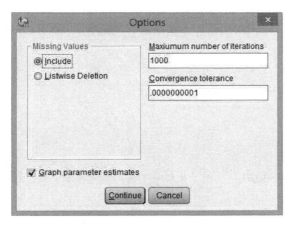

- Maximum number of iterations: 최대 반복 횟수를 지정한다. 디폴트인
  1000으로 실행한다.

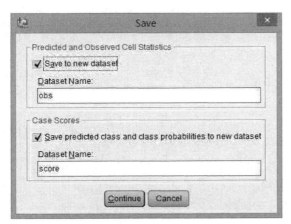

- ID별 관측값 및 예측값, 스코어 등을 데이터 편집기에 저장할 수 있다. 각각 데

이터셋 이름을 입력한다.

출력:

Fit Statistics for 3 Latent Classes

	Statistic
Number of Cases	1760.000
Number of Complete Cases	1300.000
Number of Parameters Estimated	112.000
Residual D.F	1648.000
Maximum Log-Likelihood	-20609.273
AIC(3)	41442.546
BIC(3)	42055.529
LR/Deviance(3)	14899.668
Chi-squared(3)	3.809E+10
Number of repetitions	10.000

- 모형의 요약 정보가 출력된다. Maximum Log-Likelihood, AIC 등을 확인할 수 있다.

Estimated Class Conditional Probabilities

Variable	Class	1	2	3	4
MORALG	1	.602	.355	.019	.025
	2	.115	.386	.292	.207
	3	.122	.684	.177	.017
CARESG	1	.489	.414	.047	.050
	2	.034	.222	.442	.302
	3	.033	.598	.302	.067
KNOWG	1	.697	.271	.003	.030
	2	.135	.559	.234	.071
	3	.068	.809	.116	.007
LEADG	1	.475	.444	.050	.030
	2	.029	.192	.504	.275
	3	.022	.615	.335	.028
DISHONG	1	.042	.063	.272	.623
	2	.187	.336	.315	.163
	3	.022	.163	.526	.290
INTELG	1	.712	.249	.013	.026
	2	.180	.558	.187	.074
	3	.066	.815	.104	.014
MORALB	1	.158	.369	.316	.157
	2	.460	.506	.029	.006
	3	.032	.649	.280	.039
CARESB	1	.037	.138	.379	.446
	2	.246	.627	.109	.018
	3	.004	.325	.490	.181
KNOWB	1	.136	.345	.305	.214
	2	.352	.591	.057	.000
	3	.010	.652	.294	.044
LEADB	1	.070	.283	.380	.268
	2	.391	.578	.025	.006
	3	.023	.589	.331	.056
DISHONB	1	.103	.304	.339	.255
	2	.017	.068	.284	.631
	3	.023	.194	.578	.205
INTELB	1	.187	.385	.252	.175
	2	.390	.577	.031	.001
	3	.029	.689	.249	.033

- 각 층별 응답 확률을 알 수 있다.

Estimates for Latent Classes - 2

Estimates for 3 Latent Classes: 2 / 1

	Coefficient	Std. Error	T Statistic	Sig.
(Intercept)	-5.009	.292	-17.135	.000
PARTY	1.381	.073	19.043	.000

Estimates for Latent Classes - 3

Estimates for 3 Latent Classes: 3 / 1

	Coefficient	Std. Error	T Statistic	Sig.
(Intercept)	-1.238	.155	-7.961	.000
PARTY	.602	.056	10.799	.000

Latent Class Proportions

	Proportion
1	.281
2	.323
3	.396

- 응답자들 중에 층 1과 층 2, 층 3의 비율은 각각 28%, 32%, 39%임을 알 수
있다.

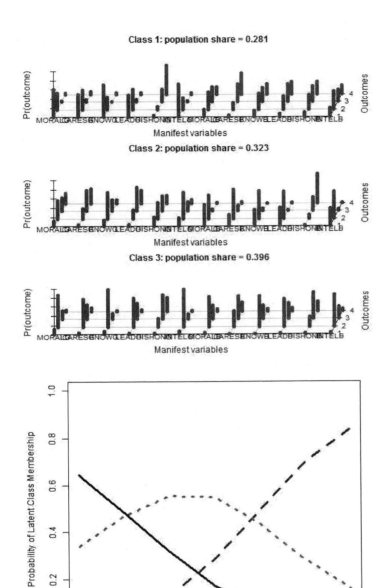

- 각 층별 응답변수의 응답자의 분포를 확인할 수 있다.

MORALB	CARESB	KNOWB	LEADB	DISHONB	INTELB	observed	expected
1	3	1	1	1	1	1	.0000
2	2	2	2	2	2	1	.0010
2	3	2	2	3	2	1	.0020
2	3	2	3	3	3	1	.0020
3	2	2	3	3	1	1	.0000
3	3	3	3	2	2	1	.0020
3	3	3	3	3	3	1	.0010
3	3	2	2	3	2	1	.0020
3	4	4	3	3	3	1	.0020
1	3	1	3	4	1	1	.0010
2	3	1	1	3	1	1	.0010
2	3	4	3	3	3	1	.0070
2	4	3	3	3	2	1	.0170
3	3	2	3	2	3	1	.0080

	V1	MaxProb	MaxClass	Class_1	Class_2	Class_3
1	1	.99686	2	.0029	.9969	.0002
2	2	.98836	2	.0112	.9884	.0004
3	3	.73813	1	.7381	.0002	.2617
4	4	.98242	1	.9824	.0152	.0024
5	5	.99985	2	.0002	.9998	.0000
6	6	.99834	1	.9983	.0016	.0001
7	7	.93239	1	.9324	.0659	.0018
8	8	.83893	3	.1611	.0000	.8389
9	9	.99891	1	.9989	.0003	.0008
10	10	.99999	3	.0000	.0000	1.0000
11	11	.99659	1	.9966	.0034	.0001
12	12	.99811	1	.9981	.0001	.0018
13	13	.99456	1	.9946	.0000	.0054
14	14	.77231	2	.2247	.7723	.0030

- 관측값 및 예측값이 데이터 편집기 형태로 출력되고 ID별 잠재층 스코어를 확
  인할 수 있다.

데이타솔루션 **'빅데이터 러닝센터'** 는 다양한 실무 경험과 강의 스킬을 보유한 국내 최고의 전문 강사들과 다년간의 진행으로 검증된 최고의 데이터 분석 교육과정을 운영하고 있습니다.
학술연구를 위한 교육과 비즈니스 분석을 위한 교육 과정으로 나누어 전문적인 교육 커리큘럼을 제공합니다.

빅데이터 러닝센터 소개

소 개

- 데이타솔루션의 빅데이터 전문 교육 기관 (25년 운영)
  매월 정기적으로 교육과정을 운영

- 강남구(논현동)에 러닝센터 위치, 실습을 위한 PC 30대 준비, 80과정(1년) 이상 강의 개설

강사진

- 빅데이터 러닝센터 소속 전문강사 25명
  전문과정 개설을 위한 산학연계 프로그램 운영

- 강의 파트너 200여명(박사/교수진)

검증된 교육

- 빅데이터/통계분석 이론부터 실무 기술교육까지 지원

- 예측분석 컨설팅 프로젝트를 통한 실무 경험을 바탕으로 의사결정 최적화를 위한 커리큘럼 제공

빅데이터 러닝센터 교육

학술연구 · 논문 분야

- SPSS 데이터 핸들링 | · SPSS 기초통계분석 | · SPSS 중급통계분석
- SPSS Modeler와 데이터과학
- Amos 구조방정식모형 분석 | · Amos 종단자료분석
- Amos 다중집단분석 | · Amos에서 통제변수, 매개변수, 조절변수의 사용
- 연구논문 작성을 위한 Amos 구조방정식모형 분석
- 빅데이터를 이용한 SPSS 및 Amos 실습 | · 메타분석의 이해와 활용
- SPSS 의학보건학 심화과정 | · 기타 다수의 교육과정

비즈니스 분야

- Python을 활용한 데이터 과학 기초과정 (개발자와 분석가를 위한 Python)
- 데이터분석을 위한 Scraping과 나만의 DB구축 (Python을 활용한 데이터과학 심화과정1)
- 머신러닝과 모델링 (Python을 활용한 데이터과학 심화과정2)
- 3일만에 익히는 R 기초통계분석
- R for Business Insight (데이터핸들링과 시각화)
- R for Text Analysis (웹크롤링) | · Orange S/W를 활용한 데이터 과학

데이타솔루션
빅데이터 러닝센터

Contact. training@datasolution.kr | Tel. 02-3467-7221, 7225
Home. ilovedata.kr | e-learning. dataai.kr

KoreaPlus Statistics ⁺

한층 업그레이드 된 차세대 통계분석 패키지

SPSS Statistics에 데이타솔루션만의 Value Add Component와 서비스가 추가된 확장팩으로
다양한 SPSS 활용분야에서 통계 분석을 좀 더 편리하게 사용 가능하도록 고급 분석 기능과 대한민국
실정에 맞는 현지화 기능이 추가된 전문적인 통계 분석 도구입니다.

Embedded on SPSS Statistics	**Embedded on SPSS Modeler**	**Embedded on SPSS Amos**
한층 업그레이드 된 차세대 통계분석 패키지	한국 유저들에게 꼭 필요한 SPSS Modeler 확장 툴	논문 작성 편의성을 제공한 구조 방정식 모델링 도구

IBM SPSS 제품

A

SPSS Statistics
Amos
Modeler
...

+

데이타솔루션 부가기능 (Value Add)

b1
b2

메타분석   국가통계
메디컬분석   강의안
고객가치분석   Amos 아웃풋
Bio-equiv   내보내기
한글내보내기   ...

=

KoreaPlus Statistics 데이타솔루션 제품

B
A
b1
b2

KoreaPlus Statistics
for General Science
for Public Service
for Medical Service
for Data Analysis

특장점

사용의 편리성
SPSS Statistics와 동일한 GUI
기반으로 개발되어 초보자들도 쉽게
배우고 이용 가능

Total Solution Service
시험 설계부터 가설 검증, 분석 후 통계량 제시,
Visualization까지 해당 분야에 최적화된 기능을
지원하는 분석 솔루션 제공

SPSS Statistics 연계성
SPSS Statistics의 기본 및 고급통계
분석과 함께 사용 가능

다양한 결과 지표
해당분야의 데이터 특성에 따라
적합한 분석기법과 통계량 제공

전문성 강화
SPSS Statistics에 없는 전문적인 통계 분석
기능을 추가하여 전문성 강화

우수한 Visualization
도표와 그래프 등을 통해 효과적으로
분석결과를 표현 가능

 **데이타솔루션**   견적문의 | sales@datasolution.kr   대표전화 | 02.3467.7200   홈페이지 | www.datasolution.kr